2019
国内外电网发展分析报告

国网能源研究院有限公司　编著

中国电力出版社
CHINA ELECTRIC POWER PRESS

内 容 提 要

《国内外电网发展分析报告》是能源与电力分析年度报告系列之一。本报告主要分析了 2018 年以来北美、欧洲、日本、巴西、印度、非洲等主要国家和地区的经济社会概况、能源电力政策、电力供需情况、电网发展水平；针对中国电网，进一步分析了发展环境、电网投资、电网规模、网架结构、配网发展、运行交易、新发展战略等情况，总结了 2018 年以来中国电网的发展特点；归纳阐述了 2018 年以来国内外电网相关技术的重要进展情况；分析了国内外电网安全可靠性及 2018 年以来几次典型大停电事故的原因和启示，以期为关心电网发展的各方面人士提供借鉴和参考。

本报告适合能源电力行业尤其是电网企业从业者、国家相关政策制定者、科研工作者、高校电力专业学生参考使用。

图书在版编目（CIP）数据

国内外电网发展分析报告．2019/国网能源研究院有限公司编著．—北京：中国电力出版社，2019.11
（能源与电力分析年度报告系列）
ISBN 978-7-5123-7969-5

Ⅰ.①国…　Ⅱ.①国…　Ⅲ.①电网—研究报告—世界—2019　Ⅳ.①TM727

中国版本图书馆 CIP 数据核字（2019）第 270561 号

出版发行：中国电力出版社
地　　址：北京市东城区北京站西街 19 号（邮政编码 100005）
网　　址：http：//www.cepp.sgcc.com.cn
责任编辑：刘汝青（010-63412382）　董艳荣
责任校对：黄　蓓　郝军燕
装帧设计：赵姗姗
责任印制：吴　迪

印　　刷：北京瑞禾彩色印刷有限公司
版　　次：2019 年 11 月第一版
印　　次：2019 年 11 月北京第一次印刷
开　　本：787 毫米×1092 毫米　16 开本
印　　张：14.75
字　　数：203 千字
定　　价：88.00 元

前言
PREFACE

2018年世界电力产量维持上升趋势，中国作为世界上发电最多且增幅最大的国家，2018年发电量达到7111.8TW·h，占世界总量的26.7%，居世界首位[1]。电网作为将电力输送至用户的重要媒介，电网的建设和发展水平在一定程度上反映所在区域或国家的能源电力行业发展水平。随着世界范围内清洁能源转型持续推进，电网服务全球各区域经济社会发展不断呈现出新的特点，有必要结合国内外能源电力政策和宏观经济发展环境，对电网发展、技术进步和安全可靠性进行持续跟踪分析，为政府部门、电力行业和社会各界提供决策参考和专业信息。

《国内外电网发展分析报告》是国网能源研究院有限公司推出的“能源与电力分析年度报告系列”之一，重点对国内外电网发展的关键问题开展研究和分析。本报告主要特点及定位：一是突出对电网发展领域的长期跟踪，从数据的延续性角度对国内外电网发展情况进行量化分析，并通过专题研究对国内外电网进行对比分析；二是拓展与电网发展相关重点领域，深化电网技术与电网安全方面的年度特点分析；三是突出年度报告特点，加强对数据的整理和分析，总结归纳年度发展特点，并结合发展新形势设立专题篇，体现报告时效性。

本报告共分为6章。第1章国外电网发展分析了北美、欧洲、日本、巴西、印度和非洲等国家和地区电网发展环境及发展现状；第2章中国电网发展分析了中国电网发展环境、发展现状、发展成效和发展特点；第3章电网技术发展

---

[1] 数据来源于《BP Statistical Review of World Energy 2019》。

阐述了与电网发展相关的输变电、配用电、储能技术和电网智能数字化支撑技术的年度发展重点；第 4 章电网安全与可靠性对国内外电网安全可靠性指标进行对比，对年度典型大停电事故进行深入分析，对电网安全风险进行预警；第 5 章针对电网智能化发展的热点问题进行专题分析，重点研究人工智能技术对未来电网智能化发展的影响；第 6 章提出表征国内外电网发展的指标并进行对比分析，根据指标对比结果对我国电网发展情况进行简要概况。

本报告中的经济、能源消费、电力装机容量、发电量、用电量、用电负荷、供电可靠性等指标数据，其统计年限以各国家和地区电网的 2018 年统计数据为准；限于数据来源渠道有限，部分指标的数据有所滞后，以 2017 年数据进行分析；重点政策、重大事件等延伸到 2019 年。

本报告概述部分由田鑫主笔，国外电网发展部分由张岩、曹子健、张玥主笔，中国电网发展部分由田鑫、韩新阳主笔，电网技术发展部分由王旭斌、曹子健、神瑞宝、边海峰主笔，电网安全与可靠性部分由张钧、张晨、边海峰主笔，专题一部分由谢光龙、靳晓凌主笔，专题二部分由田鑫、张岩、韩新阳主笔。齐世雄、王岑峰、梅钧益、李思思、朱旭、齐思明、张璐等参与了信息、数据的搜集和整理工作。全书由田鑫、张岩统稿，由韩新阳、靳晓凌、冯庆东校核。

在本报告的调研、收资和编写过程中，得到了国家电网有限公司研究室、发展部、安监部、营销部、科技部、国际部、国调中心，以及北京交易中心等部门的悉心指导，还得到了中国电力企业联合会、电力规划设计总院、国网经济技术研究院有限公司、全球能源互联网研究院有限公司、中国电力科学研究院有限公司等单位相关专家的大力支持，在此表示衷心感谢！

限于作者水平，虽然对书稿进行了反复研究推敲，但难免仍会存在疏漏与不足之处，恳请读者谅解并批评指正！

编著者

2019 年 10 月

目 录
CONTENTS

前言

概　　述

2018年，全球经济比上年增长3.0%[1]，增速同比降低0.1个百分点。其中，北美地区经济表现超出预期，增速回升至2.8%；欧洲、日本、印度、中国经济增速均出现回落，同比增长分别为2.0%、0.8%、7.0%、6.6%，增速分别同比降低0.5、1.1、0.2、0.2个百分点；巴西增速与2017年持平，为1.1%。同时，基于可能升级的贸易紧张局势和脆弱的国际金融市场两大显著风险，世界银行下调2019年全球经济预期增速至2.6%。

全球能源消费增速提升，主要增长点来自以金砖国家为代表的发展中经济体，电能占终端能源消费的比重持续提高，可再生能源占比保持上升趋势。全球发电量稳步增长，中国和美国发电量稳居世界前两名，2018年中国的发电量达到美国发电量的1.6倍，单位GDP能源消费强度同比下降2.7%，但仍高于世界平均水平，能源集约化利用任重道远。在此背景下，本报告对北美、欧洲、日本、巴西、印度和非洲等国外典型国家和地区以及中国电网所处环境和发展情况进行分析。报告的主要结论和观点如下：

（一）国外各地区能源电力发展情况

（1）各地区经济表现呈明显差异，GDP、能源消费总量和强度等指标分化。从GDP来看，2018年世界各主要国家或地区经济发展增速差异明显，北美、欧洲、日本、印度、巴西、非洲GDP增速分别为2.8%、2.0%、0.8%、7.0%、1.1%、2.9%，发达经济体增速差距超过两个百分点，发展中经济体超过6个百分点。从能耗来看，2018年各主要国家或地区表现同样分化，北美、欧洲、日本、印度、巴西、非洲能源消费总量较2017年分别上升3.5%、−1.0%、−1.2%、3.7%、0.5%、4.9%，能源强度增速分别为0.7%、−3.2%、−2.3%、−0.9%、−3.4%与1.5%。

（2）各地区电力装机"脱煤"趋势明显，可再生能源发电装机容量和发电量大幅攀升，全球可再生能源发电量（含水电）占比突破1/4。从装机来看，

[1] 数据来自世界银行。

2018年，各地区新增装机普遍以可再生能源装机（含水电）为主，北美、欧洲、巴西、印度可再生能源装机增速分别达到4.1%、4.0%、6.0%、7.6%；各地区火电装机规模进一步降低，北美、欧洲、巴西同比分别下降0.2%、2.1%、2.7%。从发电量来看，欧洲、巴西、印度、非洲可再生能源发电量增长迅速，较2017年分别增长6.8%、6.5%、14.8%、3.3%。

(3) 各地区电网区域间互联和交易规模显著增加。世界主要国家或地区电网纷纷加大互联建设投资，培育电力贸易市场。美国与加拿大间通过35条输电线路互联，2018年北美进、出口电量达到743.3亿kW•h；日本各大电力公司规划建设或升级多条主干输电线路和东西部电网联络换流站，2018年关西、中国、东京外购电量比例均超过10%；巴西、印度持续规划建设跨区互联通道，2018年巴西跨区输送电量达到446.0亿kW•h，印度达到1817.4亿kW•h；2018年非洲电力交换量达到331.4亿kW•h，同比增长36.7%。

(4) 可再生能源发展驱动各地区补强网架结构和提高灵活性。北美、欧洲电网新建输电线路，以满足新能源的接入为主，巴西和印度大力投资跨区域输电网架，提升可再生能源消纳能力；美国、欧洲、日本等地区针对发电侧、电网侧和用户侧储能发展发布明确的规划或开展试点，保障新能源消纳和电网稳定运行。

（二）中国电网发展情况

(1) 电网建设投资向配电网倾斜的趋势明显。2018年全国电网投资与2017年基本持平，110kV及以下电压等级电网投资3064亿元，同比上升7.8%，220kV及以上电压等级电网投资2003亿元，同比下降11.9%；特高压交直流工程投资增速回落较大。全年新增110kV及以上输电线路长度和变电容量分别比2017年下降1.9%和4.8%。农网改造投资持续提高，其中国家电网有限公司农网改造完成1498亿元，同比增长1.6%；中国南方电网有限责任公司（简称南方电网公司）完成403亿元，同比增长18.2%。

(2) 特高压建设放缓，区域网架结构不断优化。特高压交直流输电工程建设步伐放缓，2018 年以来仅投运“两交两直”。为保障能源战略实施，各区域电网内部不断优化，西南、西北电网分别发挥火电、水电、风电、太阳能等资源优势，加强区域网架结构，促进能源电力外送。东部、中部、南方电网侧重于满足负荷增长需求，提升供电可靠性及电网稳定性。

(3) 配网城乡一体化均等现代化水平不断提升。持续推进世界一流城市配电网建设，提高对分布式清洁发电消纳、多元化负荷的保障能力和适应性。新一轮农网升级取得阶段性进展。开展可靠性提升工程，加快推动配电网从单一供电向综合能源服务平台转变。加强农村电网升级改造等项目，加快城乡电力一体化、均等化、现代化，为满足人民对美好生活的需要和实现脱贫攻坚提供电力保障。

(4) 电网建设为资源优化配置提供了坚强的支撑。2018 年，全国电力市场交易电量同比增长 26.5%，占全社会用电量的比重同比提高 4.2 个百分点，其中省内市场仍占主导作用。全国电网总体保持安全稳定运行，跨区域配置能源的作用进一步发挥，2018 年，全国跨区电量交换规模达 4771 亿 kW•h，西南、西北和华中是主要外送区域，合计送出电量占全国跨区送电量的 71.8%。

（三）电网技术发展情况

(1) 柔性交直流输电、超导等输变电技术逐步示范应用，促进电网运行更为柔性可控、安全高效。2018 年，多项高电压等级、大容量柔性直流输电工程启动建设，随着换流阀等核心元件的技术突破、实践，柔性直流输电技术将实现规模化应用；静止同步串联补偿器（SSSC）等先进灵活交流输电技术（FACTS）技术实现应用，未来随着技术的日趋成熟及其成本的下降，将推广应用于城市电网解决潮流分配、输送能力、无功补偿控制等问题。超导电缆、超导风电等技术取得突破，实现低损耗长距离输电，风机体积、重量、损耗更小。

(2) 主动配电网、交直流混合配电网、电动汽车有序充放电等配用电技术规模化推广应用，提升配电网灵活可靠、多元互动性。2018 年，高可靠性主动配电网示范区逐步投运，有效提高供电可靠率和清洁能源接入规模；大容量柔性多端交直流混合配电网工程投入运行，发挥直流配电网在接纳分布式电源、兼容直流负载上的优势，实现配电网的灵活调控；有序充放电技术大规模试点应用，增强电动汽车用户与电网的互动，提升配电网运行效率。

(3) 电化学储能技术快速发展，在电力系统调峰调频、黑启动、电压控制等方面发挥着重要作用，有力提升了电网安全可靠运行水平。2018年，中国因储能无法纳入输配电价、用户侧峰谷价差减小等原因，装机规模增速放缓；美国、韩国、英国等装机规模继续保持较高增速。锂电池储能方面，装机规模进一步增加，放电深度、循环寿命等关键技术指标不断提升，系统成本下降约30%。氢储能方面，电制氢技术产业化进程加快，试点项目不断增加。

(4) 以大数据、人工智能、区块链、5G通信等先进信息通信技术为代表的泛在电力物联网与电网业务深度融合，有效提升电网数字化、智能化水平。2018年，国家电网有限公司和南方电网公司相继成立大数据中心，整合数据资源，打通数据壁垒，实现数据的汇聚、融合、共享、分发、交易、高效应用和增值服务；人工智能方面应用在电网调度和运维抢修，通过调度机器人、人工智能供电抢修指挥员大幅提升运维效率，减少事故处理时间；区块链主要应用在能源数据共享、微电网系统等领域，实现数据安全共享与能源效率提升；5G通信应用于智能电网业务，低时延及高可靠性特点有效满足了电网保护系统、配网自动化、精准管控能力需求。

（四）电网安全与可靠性

(1) 美国电网可靠性情况。2018年美国电网户均停电次数为1.38次/户，户均停电时间为36min/户。2017年美国户均停电时间显著高于其他年份，主要是美国2017年遭受的飓风、冰雹等自然灾害所导致的。自2014年起，美国的户均停电次数变化较小，稳定在1.3次/户左右。

(2) 英国电网可靠性情况。2018年，英国电网户均停电时间为35.5min/户，较2017年有所增加。近几年来看，2015年户均停电时间最长，为39.16min/户，自2016年开始稳定在34min/户左右，但有逐年上升的趋势。

(3) 日本电网可靠性情况。2017年，日本户均停电次数为0.14次/户，户均停电时间为16min/户。自2011年发生福岛大地震以来，日本供电可靠性变化较小，与福岛大地震之前基本持平。

(4) 中国电网可靠性情况。2018年，中国用户平均停电时间为286.2min/户（其中国家电网有限公司经营范围内为252.6min/户），优于大多数亚洲、非洲、南美洲国家，落后于欧洲、北美等发达国家和地区。全国平均供电可靠率为99.820%，同比上升0.006个百分点；用户平均停电时间为15.75h/户，同比减少31.2min/户；用户平均停电频率3.28次/户，同比持平。其中，全国城市平均供电可靠率为99.946%，农村平均供电可靠率为99.775%，城市、农村供电可靠率相差0.171个百分点；全国城市用户平均停电时间为4.77h/户，农村用户平均停电时间为19.73h/户，城市、农村用户平均停电时间相差14.96h/户；全国城市用户平均停电频率为1.11次/户，农村用户平均停电频率为4.07次/户，城市、农村用户平均停电频率相差2.96次/户。

(5) 未来电网面临新风险。2018年以来，世界上发生了包括委内瑞拉、阿根廷和乌拉圭、美国纽约、印尼、英国等在内的多起停电事故，主要原因包括电力系统结构薄弱、电力基础设施落后、系统保护技术措施不当、电网管理体制碎片化、自动保护装置的灵敏度不够、电力设施设备长期投入不足等问题。随着气候变化，以及电网的数字化、智能化程度越来越高，电网安全风险出现了一些新变化，主要包括越来越频繁的极端天气给电网安全造成巨大威胁，高比例新能源接入造成的网源协调矛盾不断加剧，系统转动惯量小、旋转备用不足，网络安全已成为电网安全必须面对的重大现实命题。

（五）电网智能化发展相关热点问题

电网的智能化水平不断提升，信息技术的突破创新也持续提升电网的生产、管理及服务水平。21世纪初主要受到环境、市场改革、信息化技术升级等因素的影响，电网智能化发展的动力比以往更加强劲，配电网成为主战场。随着大数据分析、人工智能技术的快速发展，电网智能化发展迈入新的阶段。

传感器的技术进步，推进了大数据的基础完善，同时深度学习、强化学习、迁移学习等学习算法技术突破，硬件计算性能的快速提升，让第三代人工智能技术有了突破性进展。在电力大数据分析、电网侧电力系统安全控制、运维与故障诊断、负荷侧精准预测、用户行为分析等方面，人工智能深度学习都有着广阔应用前景。

物联网、人工智能等技术的创新突破，推动电网发展更加智能化、数字化、信息化。要深度落实国家能源发展战略，稳步实现“两个50%”目标，充分发挥信息技术优势，持续推进技术创新与管理模式创新，发挥制度优势和制度自信，全面提升网络安全水平。

（六）国内外电网发展对比分析

新中国成立初期，我国电网基础设施薄弱。经过70年的发展，我国电网发展取得了一定的成绩，但是与世界其他国家和地区相对比处于何种水平，如何对我国电网发展进行评价，这些都是本专题要解决的问题。

本专题从5个维度提出国内外电网发展对比分析指标体系，将中国电网与北美、欧洲、日本、印度、巴西、非洲电网进行对比看出，我国电网发展总体上达到世界先进水平，在整体规模和增长速度方面处于世界前列，但是电网安全可靠性、人均用电量等特征指标与发达国家相比还有差距。

1

国外电网发展

世界各国家和地区社会经济发展情况迥异，其电网发展差异明显，但都面临推动能源转型、适应新能源发展、优化配置能源资源、提高电网安全可靠稳定水平等问题。北美联合电网（简称北美电网）、欧洲互联电网（简称欧洲电网）和日本电网等发达国家和地区电力需求基本饱和，电力基础设施较为成熟，规模变化较小，但面临电力改革、清洁能源消纳等问题。巴西电网、印度电网等发展中国家经济发展对电力的需求不断增长，电网面临的主要问题是能源资源禀赋和用电负荷中心地区差异，巴西北部装机过剩，为将北部的水电能源输送到东南部的负荷中心，正积极开展特高压工程；印度为实现新能源消纳目标，正加大跨区域输电通道建设。非洲电网电力基础设施还不成熟，尽管太阳能资源丰富，但亟待明确发展方向，实现电网服务普遍化。本章针对北美电网、欧洲电网、日本电网、巴西电网、印度电网和非洲电网[1]等典型国家和地区电网的现状进行分析，总结其发展特点，为相关分析研究提供基础支撑。

2018 年，北美、欧洲、日本、巴西、印度、非洲等典型国家和地区电网的整体情况如表 1-1 所示。

表 1-1　2018 年典型国家和地区电网的整体情况

指　标	北美	欧洲	日本	巴西	印度	非洲
覆盖人口（亿）	3.64	5.32	1.27	2.10	13.53	12.85
服务面积（万 km^2）	1968	1016	37.8	851	298	3020
装机容量（亿 kW）	12.02	11.63	3.31	1.62	3.56	1.65
发电量（万亿 kW·h）	5.09	3.63	1.10	0.60	1.37	0.85
人均用电量（kW·h）	9264	7257	8063	2790	1065	505
最大负荷（万 kW）	77 957	58 972	15 970	8497	17 702	—
输电线路长度（km）	757 335	315 682	178 544	132 847	413 407	146 183
线路损失率（%）	7.4*	6.9*	4.0*	16.4*	18.4*	14.3*

[1] 北美、欧洲、日本作为发达国家的代表，印度和巴西作为发展中国家的代表，也是金砖国家的代表，非洲是欠发达地区的代表。限于资料收集渠道不足，本报告没有分析俄罗斯等其他国家。

续表

指　标	北美	欧洲	日本	巴西	印度	非洲
主干网架电压等级	交流 765、500、345、230、161、138、115kV；直流±400、±450kV	交流 750、400、380、330、285、220kV；直流±500、±320、±300、±200、±150kV 等	交流 500、275、220、187、110～154、66～77、55 kV	交流 750、500、440、345、230kV；直流±800、±600 kV	交流 765、400、220kV；直流±800、±500kV	交流 500、400、330、225、220kV

数据来源：Energy Statistical Yearbook 2019，国网能源研究院有限公司，Global Electricity Transmission Report。

* 2017 年数据。

1.1 北美联合电网

北美联合电网由东部电网、西部电网、得州电网和魁北克电网 4 个同步电网组成，覆盖美国、加拿大和墨西哥境内的下加利福尼亚州。北美联合电网区域分布如图 1-1 所示。

1.1.1 经济社会概况

北美地区经济增长速度进一步提升。2018 年，北美地区 GDP 为 19.7 万亿美元，同比增长 2.9%，较上年提高 0.6 个百分点，人均 GDP 超过 5.4 万美元；其中，美国 GDP 增长 2.8%，生产总值达到 17.8 万亿美元，仍为全球最大的经济体。2014—2018 年北美地区 GDP 及其增长率如图 1-2 所示。

北美地区能源强度连续 4 年下降后在 2018 年出现反弹，能源消费总量出现较快增长。2018 年北美地区能源强度上升 0.7%，达到 0.122kgoe/美元（2015 年价），能源消费总量为 2558Mtoe，增幅较大，为近三十年最快，同比增长 3.5%。2014—2018 年北美地区能源消费总量、强度情况如图 1-3 所示。

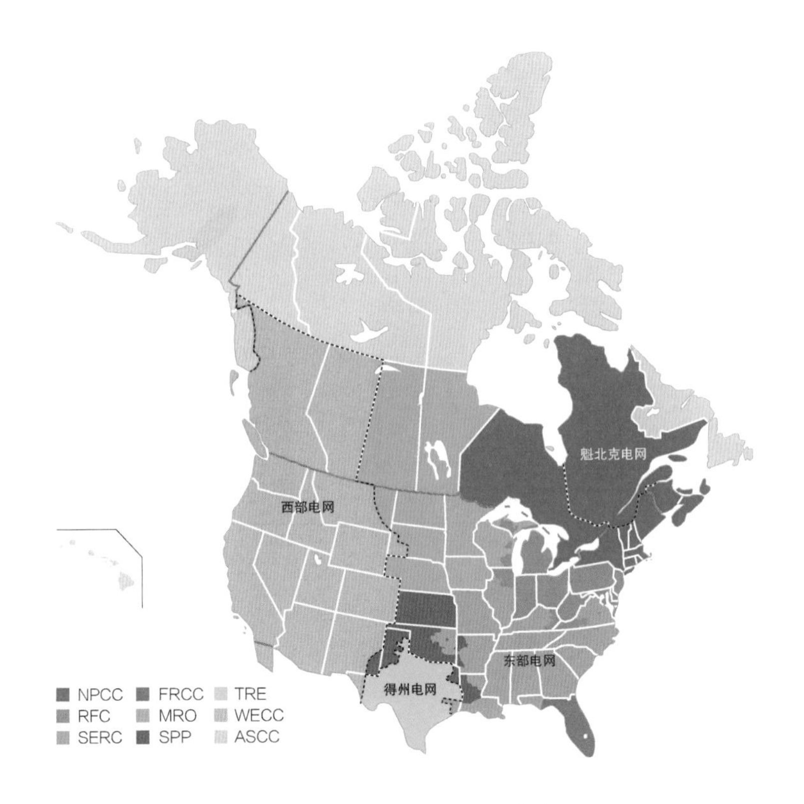

图 1-1　北美联合电网区域分布图

图片来源：NERC。

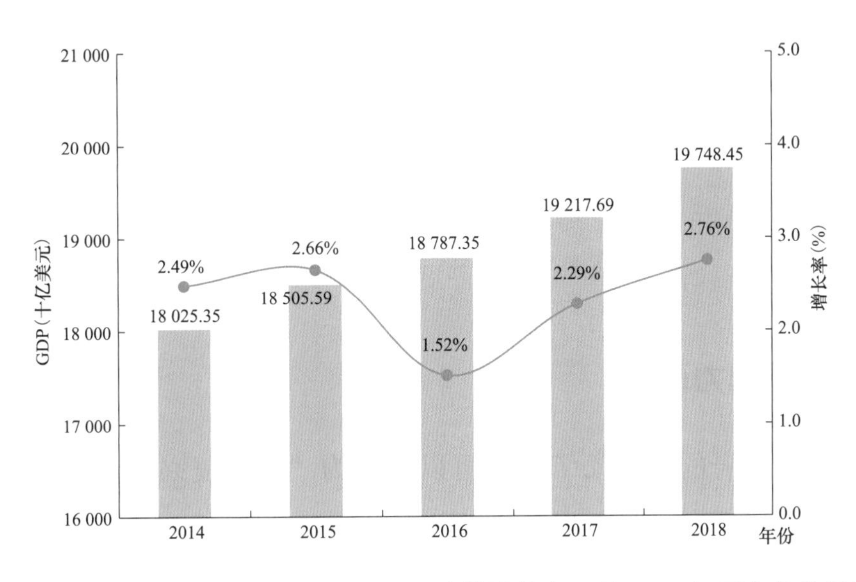

图 1-2　2014—2018 年北美地区 GDP 及其增长率（以 2010 年不变价美元计）

数据来源：WorldBank。

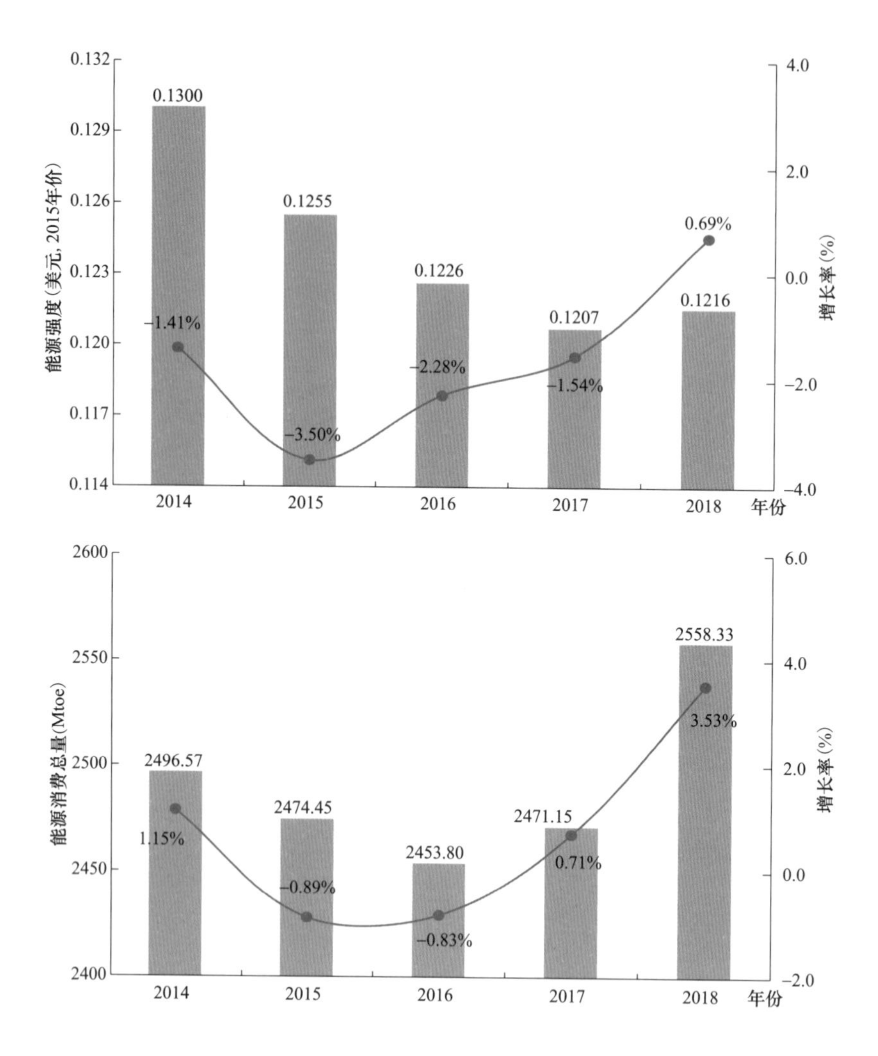

图 1 - 3　2014—2018 年北美地区能源消费总量、强度情况

数据来源：Energy Statistical Yearbook 2019。

1.1.2　能源电力政策

美国联邦政府的能源松绑政策可以概括为“煤炭复兴”走强，气候目标“加速倒车”。其核心内容是将二氧化碳排放权归由各州自行制定最佳减排路径，为国民提供经济实惠的可靠能源。尽管美国宣布退出巴黎协议，一些州仍坚持实行可再生能源政策，运用太阳能、风能等非水可再生能源作为发电来源，从煤炭转向天然气，降低发电成本。

(1) 松绑碳排放规则。2019 年 6 月，美国环境保护署（EPA）取缔《清洁电力计划》，推行《平价清洁能源》（ACE），旨在“减排的同时消除过度监管以保持经济继续增长”。下放减排“自主权”，确保国民获得可靠且负担得起的能源，并鼓励行业技术创新，开发清洁的煤炭技术。

延伸阅读——美国《平价清洁能源》政策要点

1）《平价清洁能源》（ACE）法案旨在未来 3 年内赋予 50 个州减排“自主权”，鼓励 128 个燃煤电站在“继续运营”的前提下通过改进效率减少排放，各州自行制定本州的减排计划。

2）根据 ACE 细则，联邦政府将制定二氧化碳排放标准的权力归还给各州，各州根据美国环保署（EPA）制定的“最佳减排路径”在 3 年内提交一份减排计划，内容包括如何减排及提高效能，最终目的是为国民提供经济实惠的可靠能源。

3）ACE 列出了可用于降低燃煤电站碳排放的 6 项技术，约有 600 个燃煤发电机组将受到 ACE 的“保护”，几十个老化燃煤电站的潜在寿命将延长。

4）ACE 对于碳捕捉和封存（CCS）技术、碳交易等不予认可，即不允许电站计算通过 CCS 实现的减排量，也不允许碳交易。

(2) 设定清洁能源目标。2018 年 9 月，美国加州颁布《参议院 100 号法案》（SB100），逐步增加电力系统终端清洁能源的比重，减少碳排放。在清洁能源上实行技术投资，提高发电厂整体效率，提高清洁能源的整体竞争力。

延伸阅读——美国加州《参议院 100 号法案》政策要点

1）推行太阳能、风能等非水电可再生能源，摆脱加州电力对化石燃料的依赖。该法案提出，到 2045 年 12 月 31 日，供加州终端消费者使用的零售电力和政府采购电力必须 100%来自可再生能源和零碳能源。

2）2026 年 12 月 31 日之前实现 50%可再生能源供电目标，2030 年 12 月 31 日之前将上述比例提高到 60%。为了实现上述清洁供电目标，该法案规定了电力零售商和当地公共电力公司采购合格可再生能源电力产品的下限。

3）通过部署 150 万 kW 的储能系统，以更新该地区能源基础设施，同时应对风能和太阳能的间歇性。此外，还计划实施新法令，以贯彻区域温室气体减排倡议（RGGI）达成的到 2030 年减排 30%的目标共识。

2018 年 11 月，加拿大政府确定《加拿大能源战略》（CES），为优化清洁能源资源提供政策框架。该战略通过联邦政府参与，各省和各地区充分合作，统一和简化各地区监管政策，促进电力产业清洁转型，推动加拿大成为全球清洁能源领导者。

延伸阅读——《加拿大能源战略》政策要点

1）扩大北方能源投资，为满足加拿大北方的能源需求，联邦政府应与公用事业公司一起努力促进北方省份地区之间的输电互连。通过对现有资助计划进行重组，在金融资本、研发和部署方面支持加拿大北部的可再生能源基础设施项目。

2）推动电力部门创新和基础设施清洁化。对基础设施融资计划进行重组，并加以扩展。政府应根据联邦基础设施融资计划为电力部门创建一个分支机构，与各地区政府合作，消除公用事业面临的创新差距，实现省和地区能源监管现代化。

3）制定国家电气化战略。联邦政府与各省、地区和行业协商制定国家电气化战略，并为此类举措划拨适当资金。

2018年5月，墨西哥国会发布《国家电力系统发展计划》，为推动能源改革，建设现代化、高效化和具有竞争力的电力行业奠定基础。该计划指出电力行业应降低整体电力供应成本，从而为墨西哥重工业和工商业吸引投资。

延伸阅读——墨西哥《国家电力系统发展计划》政策要点

1）分配总金额1.38亿墨西哥比索（约合700万美元）的投资以实现如下目标：提升一般配电网的供电能力；提高电力传输效率；提高电力供应的质量、可靠性和安全性。

2）实现电网的和谐发展，使配电网具备足够多样的电源和有竞争力的价格。

3）国家电力系统（SEN）预计未来15年需要投资20亿墨西哥比索（约合1.06亿美元），其中84%用于发电项目，9%用于输电项目，7%用于配电项目。

1.1.3 电力供需情况

（一）电力供应

北美电网电力总装机依旧保持微增长趋势，燃煤、燃油装机持续减少，新增装机以风电和太阳能发电为主。截至2018年底，北美电力总装机容量达到

12.02 亿 kW，同比增长 0.53%。天然气仍为第一大电源，装机容量占比 43.9%，煤电占比 22.1%。太阳能和风电装机容量增速占比合计超过 10%，仅次于燃气和燃煤装机。2018 年，北美地区新增装机主要来自风电、太阳能和燃气，分别增加 480.4 万、500.5 万和 1090.8 万 kW，增速分别为 5.3%、16.3% 和 2.1%，虽然有 ACE 保护，煤电装机依旧保持加速退役趋势，减少 1029 万 kW。2014—2018 年北美地区电源结构如图 1 - 4 所示。

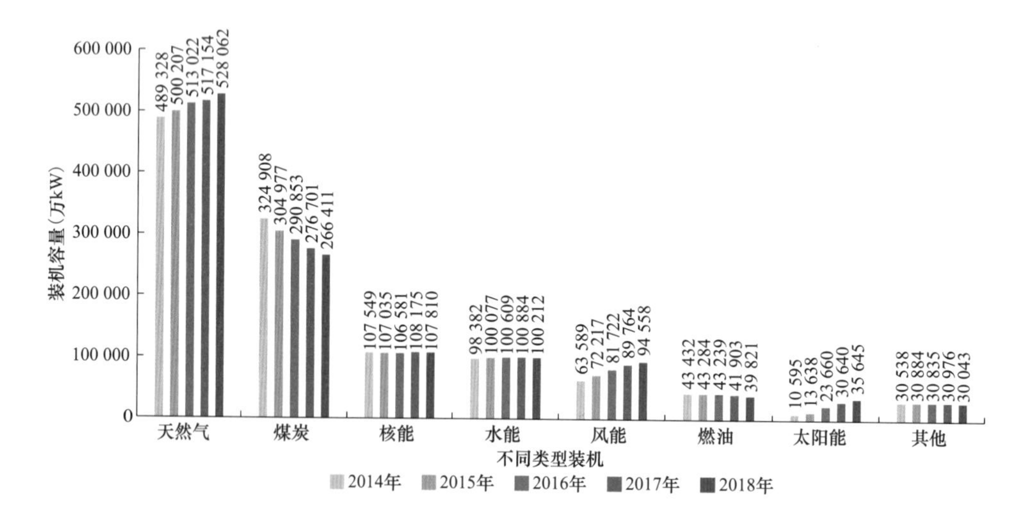

图 1 - 4　2014—2018 年北美地区电源结构

数据来源：APPA，Annual Report 2019。

北美电网发电量增速回升较多，可再生能源发电持续上升。2018 年，北美总发电量为 50 857 亿 kW·h，同比增长 2.85%。其中，火电发电量同比增长 3.95%，占比 59.3%；核电同比增长 0.2%，占比 18.52%；水电同比减少 2.6%，占比 13.75%；可再生能源发电同比增长 11.3%，占比 8.3%。

（二）电力消费

北美电网整体用电量较 2017 年有小幅上升，东部电网增长明显，西部电网有所下降。2018 年，北美电网地区用电量为 41 007 亿 kW·h，同比增长约 1.5%。其中东部电网为 30 043 亿 kW·h，同比增长 1.8%；得州电网 3636.6 亿 kW·h，同比增长 2%。2014—2018 年北美不同地区用电量见图 1 - 5。

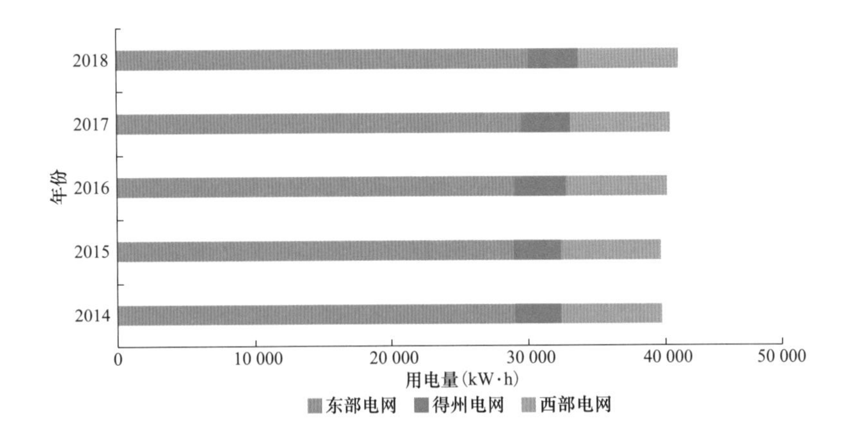

图 1-5　2014—2018 年北美不同地区用电量

北美电网最大用电负荷缓慢增长，其中西部电网负荷继续呈现下降趋势。2018 年，北美电网最大用电负荷发生在夏季，达到 77 957.8 万 kW，同比增长 0.4%。其中得州电网增速较快，达到 1.6%；西部电网依旧呈现下降趋势，为 0.5%。2014—2018 年北美不同地区最大用电负荷如图 1-6 所示。

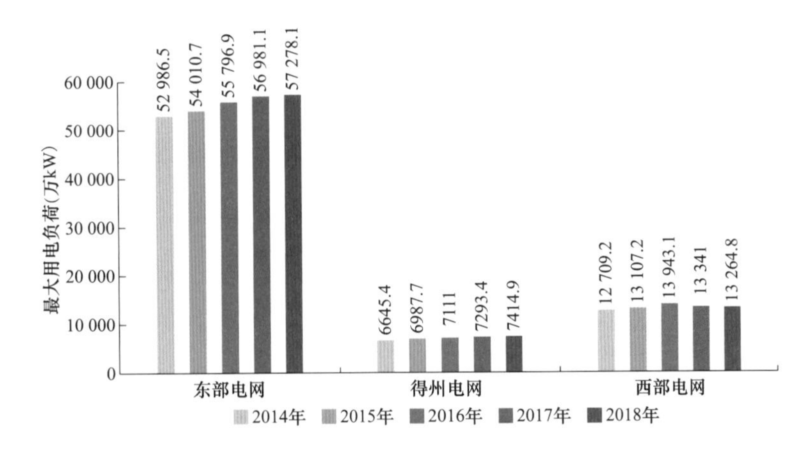

图 1-6　2014—2018 年北美不同地区最大用电负荷

1.1.4　电网发展水平

(一) 电网规模

电力需求增速较缓，伴随电源结构和新能源发电的持续变化，输电网规模略有上升。截至2018年底，北美电网115kV及以上电压等级线路长度达到757 335km，同比增长0.42%，增速约为2013—2018年平均增速的62.9%。2018年，新建线路长度为3188km。450/500kV及以上电压等级线路规模保持稳定。2013—2018年北美电网115kV以上输电线路长度如表1-2所示。

表1-2　2013—2018年北美电网115kV以上输电线路长度　km

电压等级	2013年	2014年	2015年	2016年	2017年	2018年
115kV	205 982	206 922	207 987	208 652	209 139	210 452
138/161kV	180 023	181 060	182 013	183 220	183 782	184 079
220/230/240/287kV	166 201	167 150	168 478	169 285	170 655	171 795
315/320/345kV	101 086	103 166	104 782	106 369	107 673	108 112
450/500kV	65 221	65 728	67 607	67 676	67 676	67 676
735/765kV	15 221	15 221	15 221	15 221	15 221	15 221
总计	733 734	739 247	746 089	750 424	754 147	757 335

数据来源：Global Electricity Transmission Report。

北美电网新建输电线路主要以新能源的接入为主。受区域发展、燃料价格、环保法规等因素影响，北美电网中天然气和可再生能源输电线路增加明显。为满足未来用电需求，北美电网考虑至2023年新增115kV输电线路5.54万km，西部电网规划在2023年前投运15条输电线路工程，满足可再生能源的需求。

（二）网架结构

美国、加拿大、墨西哥不断强化电网互联。自2005年以来，各国电力贸易不断增长，2018年美国和加拿大电力交易额达到36亿美元，为进一步利用加拿大巨大的水电市场规模，美国推动电力跨境贸易，以实现清洁能源目标并降低电价，互联输电线路达35回。美国和加拿大国内也新增输电线路以解决区域电网稳定性问题，提供更多可再生电力输送通道，同时解决供电可靠性问题。在建的美国及加拿大输电项目如表1-3所示。

表 1-3 在建的美国及加拿大输电项目

项目名称	项目内容	批准时间	预计投产时间
Soule River Hydroelectric Project	新建 138kV 线路 10mile，将电力从阿拉斯加州送至不列颠哥伦比亚省，输电容量为 77MW	2013 年 3 月	2019 年
New England Clean Power Link	新建±300～320kV 线路 153.8mile，将电力从加拿大魁北克省送至美国佛蒙特州，输电容量为 1000MW	2014 年 10 月	2022 年
Northern Pass Transmission Line	新建±300kV 线路 153mile，将电力从美加边境送至美国新罕布什尔州富兰克林，并新建 345kV 线路 34mile，将电力从富兰克林送至迪尔菲尔德，输电容量为 1080MW	2016 年 11 月	2020 年
Woodstock-Houlton International Power Line	新建 69kV 线路 9.3mile，将电力从加拿大伍德斯托克送至美加边境一新建变电站，新建 38kV 线路 1.5mile，将电力从该变电站送至美国缅因州，输电容量为 30MW	2016 年 12 月	2019 年
ITC Lake Erie Connector	新建±320kV 线路 72mile，将电力从加拿大安大略省送至美国宾夕法尼亚州，输电容量为 1000MW	2017 年 1 月	2023 年
Great Northern Transmission Line	新建 500kV 线路 224mile，将电力从加拿大马尼托巴省送至美国明尼苏达州，输电容量南向 883MW、北向 750MW	2017 年 11 月	2019 年
Champlain Hudson Power Express Transmission Line	新建±300～320kV 线路 336mile，将电力从加拿大送至美国纽约皇后区，输电容量为 1000MW	2017 年 11 月	2019 年
Manitoba-Minnesota Transmission Project	新建 500kV 线路，将电力从加拿大马尼托巴省 Dorsey 转换站送到美国明尼苏达州，输电容量为 383MW	2018 年 11 月	2022 年

（三）运行交易

北美联合电网交易电量略有下降，美国进口电量减少，出口电量大幅增长。2018 年，北美进出口电量为 743.3 亿 kW·h，同比降低 0.9%。其中，美国从加拿大进口电量为 613.9 亿 kW·h，同比增长 2.4%，较 2015 年峰值下降

10.3%，回落至2013年水平。美国向墨西哥出口电量持续增长，进口电量继续下降，净出口规模达到42.9亿kW·h。从贸易和环境角度出发，美国北部各州仍将大量进口加拿大的清洁低价电力，美国电力净进口国的状态长期不会改变。2012—2018年美国跨境电力交易量如表1-4所示。

表1-4　2012—2018年美国跨境电力交易量　亿kW·h

国家	加拿大		墨西哥		合　计		
类别	进口电量	出口电量	进口电量	出口电量	进口电量	出口电量	进出口电量
2012年	579.7	113.9	12.9	6.0	592.5	120.0	712.5
2013年	627.4	106.9	62.1	6.8	689.5	113.7	803.2
2014年	593.7	128.6	71.4	4.4	665.1	133.0	798.1
2015年	684.6	87.1	73.1	3.9	757.7	91.0	848.7
2016年	651.7	26.8	75.4	35.3	727.2	62.1	789.3
2017年	599.1	33.1	57.8	60.6	656.8	93.7	750.6
2018年	614.0	31.9	27.3	70.2	641.3	102.2	743.5

（四）储能发展

美国公共事业规模电池储量发展迅速，发电侧和用户侧储能均实现强劲增长。截至2019年3月，美国储能市场装机容量达到89.9万kW，较2014年底（21.4万kW）已经翻了两倍多，预计到2023年将超过250万kW。2018年第四季度新增装机容量超过历史单季度新增容量的50%，美国住宅储能市场新增容量同比翻了两番。2018年美国新增31.1万kW储能容量，其中发电侧占47%。用户侧储能容量也创历史新高，占2018年总容量的53%。

1.2　欧洲互联电网

欧洲互联电网包括欧洲大陆、北欧、波罗的海、英国、爱尔兰五个同步电网区域，此外还有冰岛和塞浦路斯两个独立系统，由欧洲输电联盟（ENTSO - E）负责协调管理。欧洲电网覆盖区域包括德国、丹麦、西班牙、法国、希腊、克罗地亚、意大利、荷兰、葡萄牙等在内的 36 个国家和地区的 43 个电网运营商，跨国输电线路长度超过 47 万 km，供电人口超过 5 亿。欧洲电网分布如图 1 - 7 所示。

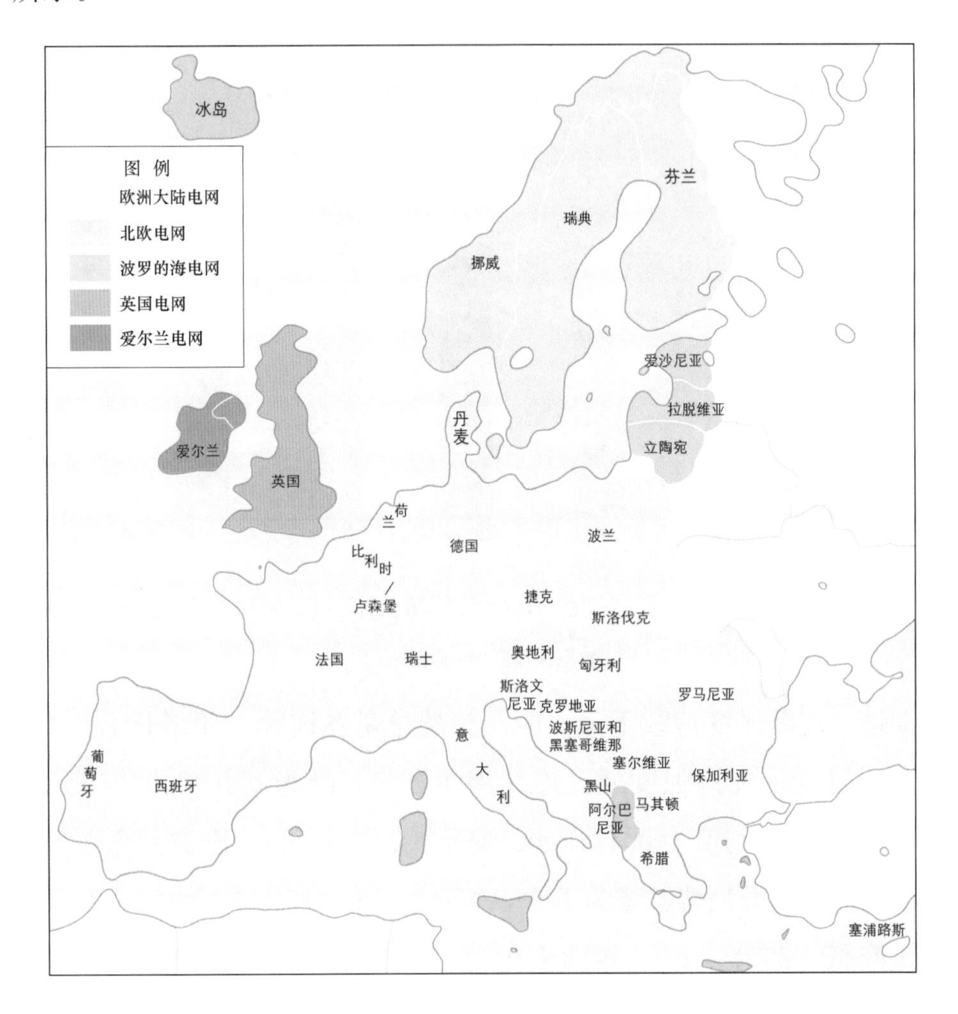

图 1 - 7　欧洲电网分布图

1.2.1　经济社会概况

欧洲地区经济缓慢复苏，爱尔兰为经济增长最快的国家，意大利为经济增长最慢的国家。2018 年，欧洲地区[1] GDP 达到 21.7 万亿美元，同比增长 2.05%，较 2017 年有所回落，其中主要经济体德国、英国、法国、意大利、希腊、比利时、丹麦、挪威增速都不超过 2%，意大利增速最低，仅为 0.86%；爱尔兰增速最高，达到 6.65%。2014—2018 年欧洲地区 GDP 及其增长率如图 1-8 所示。

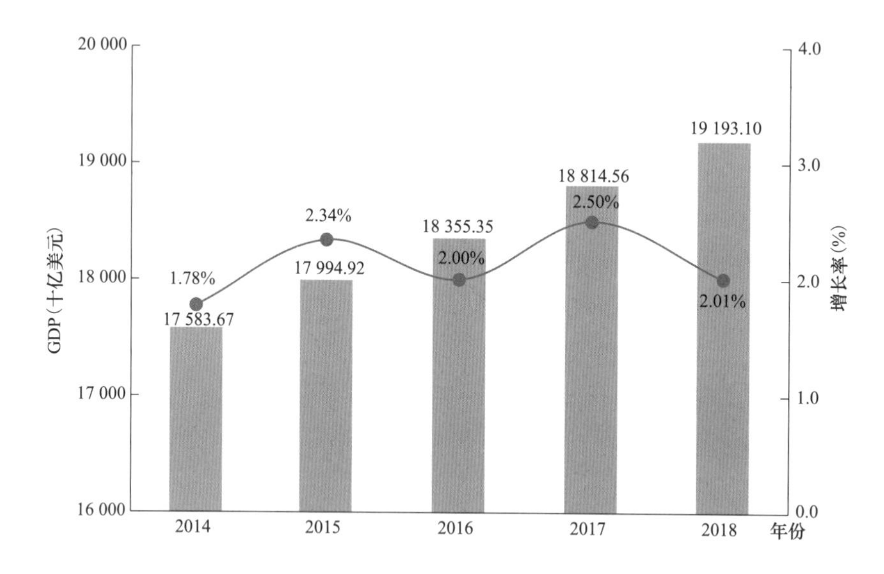

图 1-8　2014—2018 年欧洲地区 GDP 及其增长率（以 2010 年不变价美元计）

数据来源：WorldBank。

欧洲地区能源强度持续下降，能源消费总量在连续 3 年增长后再次回落。2018 年，欧洲地区能源强度经过连续多年下降，降为 0.076kgoe/美元（2015 年价），同期全球平均值为 0.114kgoe/美元（2015 年价），欧洲能源强度在全球各大洲中最低；能源消费总量为 1846.9Mtoe，较 2017 年减少 0.52%，为 2014 年后再次降低。2014—2018 年欧洲地区能源消费总量、强度情况如图 1-9 所示。

[1] 本节中所指欧洲地区包含欧盟 28 国，以及挪威、瑞士、土耳其、冰岛、波斯尼亚和黑塞哥维那、塞尔维亚、黑山、马其顿、阿尔巴尼亚。后同。

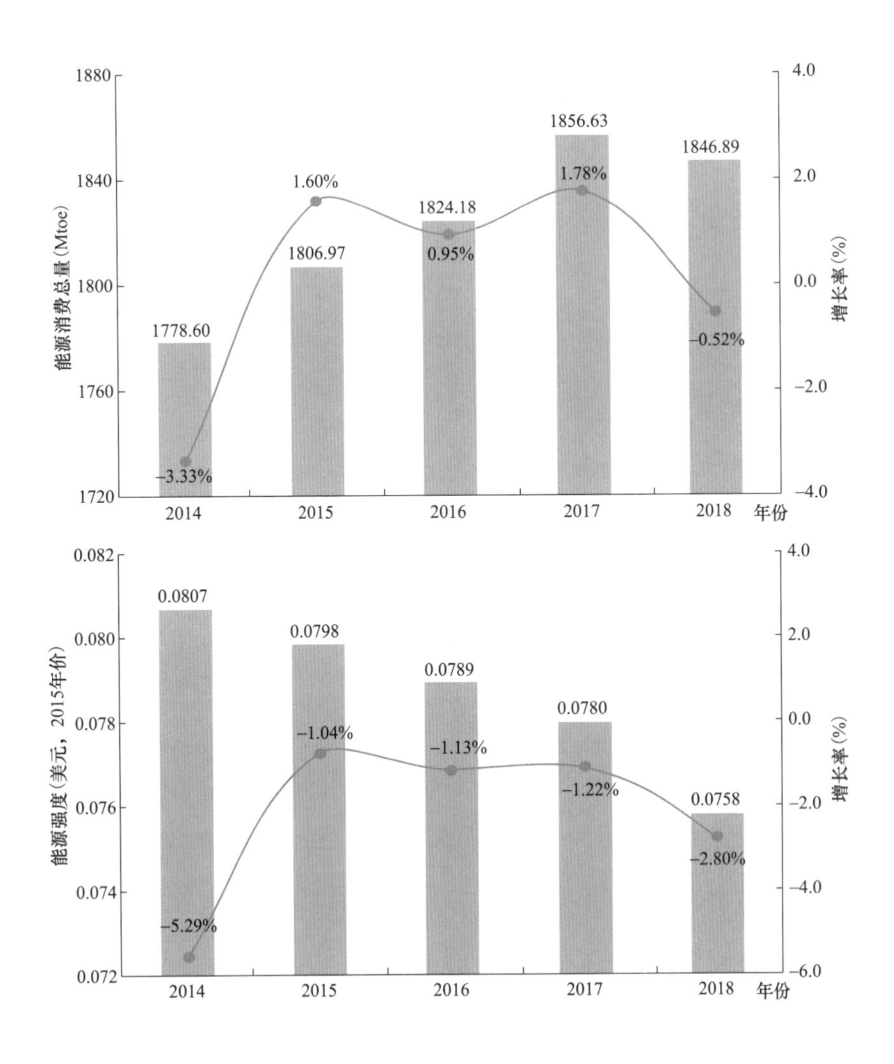

图 1-9　2014—2018 年欧洲地区能源消费总量、强度情况

数据来源：Energy Statistical Yearbook 2019。

1.2.2　能源电力政策

（1）促进清洁能源发展。为实现巴黎协议的承诺，欧盟于 2019 年初通过了欧洲清洁能源一揽子法令（Clean energy for all Europeans package），欧盟各国将在 1～2 年内根据新通过的欧盟法令制定各国相应法律。

延伸阅读——欧洲清洁能源一揽子法令（Clean energy for all Europeans package）要点

建筑能耗法令（energy performance in building directive）：欧洲建筑部门能源消费占比达到40%，二氧化碳排放占比达到36%，是降低能耗的重要领域，法令要求欧盟各国制定相关政策：

1）制定实施建筑物脱碳路线图；

2）鼓励使用信息与通信技术和智能技术促进智慧楼宇高效运行；

3）设立"智能化程度指标"，衡量运用新技术使建筑满足消费者需求，降低运行成本及与电网交互的能力；

4）支持电动出行设施，如普及建筑中的电动汽车充电设施；

5）支持旧建筑翻新，鼓励公共及私有资本投入；

6）改善能源贫困问题，降低家庭能源支出。

可再生能源法令（the revised renewable energy directive）：设定2030年欧盟能源结构中可再生能源占比达到32%的目标；推动欧洲应对气候变化，实现巴黎协定目标；保护欧洲的自然环境，减少空气污染；允许家庭、社区和企业利用清洁能源发电；减少对能源进口的依赖，保障能源安全；创造就业机会，吸引新的投资。为实现这些目标，新法令包含以下框架：

1）为投资者提供长期稳定政策，简化获取项目许可程序；

2）明确消费者有权利用可再生能源发电，将消费者置于能源转型中心位置；

3）促进可再生能源发电的竞争与市场整合；

4）加速可再生能源在加热/制冷和运输部门的应用；

5）提升生物质能的可持续性，促进技术创新。

能源效率法令（the revised energy efficiency directive）：将新的2030年能效目标设为32.5%；使用能效目标和能源标签鼓励工业界进行创新与投资；建造或翻新更多的高能效建筑，从而节约能源、削减费用、解决健康及空气污染问题、提升生活质量。能源效率法令的实施将鼓励能源的高效利用，并带来一系列其他益处：

1）降低家庭和企业的能源消耗，从而降低能源费用；

2）减小欧洲对能源进口的依赖；

3）鼓励生产者/制造商开展新技术应用和创新；

4）吸引投资，创造新的就业岗位；

5）家庭账单信息更加清晰透明。

能源与气候合作法规（the governance of the energy union and climate action）：各国制定国家能源与气候规划（2021—2030年），构建欧盟及其成员国间通力合作的基础框架：

1）确保国家及欧盟的政策轨迹满足欧洲能源（Energy Union）的目标与指标要求，有助于实现“巴黎协定”目标，尤其要符合欧盟2030年能源与气候目标要求；

2）规划需涵盖欧洲能源联盟的各方面要求，包括能源安全、内部市场、互联互通、研究、创新、竞争力等；

3）确保规划、报告和监测过程透明，推动欧盟各国在相关领域的密切协作；

4）确保政策透明清晰且可预测，吸引更多的泛欧洲清洁能源投资；

5）确保与“联合国气候变化框架公约”和“巴黎协定”相一致。

欧洲电力市场新规则（new rules for Europe’s electricity market）：

新的规则包括修订的电力市场监管条例、修订的电力市场指令、新的风险防范计划以及进一步发挥能源监管机构作用。具体包括以下框架：

1）通过跨境贸易、区域间竞争与合作，实现电力在欧盟能源市场的自由流动；

2）增加市场的灵活性，以适应电网中日益增加的可再生能源；

3）鼓励行业中市场化投资，推动欧盟能源系统脱碳化；

4）为有资格获得补贴的发电厂引入新的排放限值；

5）完善电力市场危机预测和应对计划，考虑跨境合作等方案。

此外，新规则全面考虑了消费者保护、信息与授权等方面：

6）消费者将会获得关键合同条约的摘要，以使他们更好地了解复杂的合同条款；

7）最迟 2026 年前，转换供应商的技术流程必须少于 24h；

8）供应商应免费提供至少一种能源比较工具，便于消费者查询到市场上最优惠的价格；

9）进一步完善电费账单信息，便于消费者控制开销；

10）更好地识别弱势且能源贫困用户，为需要的人提供帮助，以改善能源贫困问题；

11）消费者可通过生产、消费、分享、出售或者提供存储服务等方式，独立或通过社区渠道积极参与电力市场；

12）消费者将首次有权要求获得一个智能电表和一份动态价格合同，从而便于将电力消费转移到电力相对便宜的时间段。

（2）推进欧洲电网发展。2018 年欧洲输电联盟发布了第五版《输电网规划》（TYNDP 2018），对欧洲互联电网未来需求、发展路径和投资效益进行了阐述。

延伸阅读——TYNDP 2018 政策要点

1）TYNDP 2018 在 2016 第四版基础上做出了许多改进，主要包括：

i）首次联合欧洲输气联盟（ENTSO-G）、用户以及非政府组织（NGOs）共同设计了欧洲综合能源系统未来发展场景集。

ii）首次将远期规划时间点延伸至 2040 年，分析了 2040 年欧洲互联电网的需求与发展路径。

iii）首次在市场及网络分析模型中增加了克里特岛、突尼斯、科西嘉岛和以色列等地区，使得对互联电网的分析更加准确全面。

2）TYNDP 2018 在不同场景集下，对欧洲互联电网 2030 年和 2040 年的发展做出了规划，主要发展目标包括：可再生能源发电在 2030 年覆盖 48%～58%负荷需求，2040 年达到 65%～81%；与 1990 年排放水平相比，CO_2 排放在 2030 年减少 65%～75%，2040 年减少 80%～90%。

3）为完成规划目标，TYNDP 2018 计划 2030 年前在 166 个输电项目和 15 个储能项目中投入 1140 亿欧元，以完善欧洲互联电网基础建设。计划投资建设项目中，地下或海底电缆及高压直流线路比例显著上升。

（3）加快能源转型。2018 年以来，欧洲各国采取一系列措施推动能源转型，以优化能源结构，减少环境污染，实现“巴黎协议”气候目标。这些措施主要集中在摆脱化石燃料依赖，促进可再生能源发展等方面。

延伸阅读——欧洲各国加快能源转型措施要点

1）北欧：

2018 年 5 月，第三届创新使命部长会议期间，瑞典、丹麦、芬兰、冰岛、挪威等北欧国家能源部长在瑞典隆德发布清洁能源宣言，以加强北欧在清洁能源创新和应用方面的全球领导地位。重点内容如下：北欧国家将致力于改善清洁能源的可持续利用和获取技术，以实现本国发展目标、全球可持续发展目标和“巴黎协定”目标；加强开放和基于市场的国际与公私合作，保持在可再生能源、节能解决方案和智能能源等方面的领先地位，发展集成化和智能化的低排放绿色经济，保障高水平的竞争力和供应安全；加强北欧在清洁能源、能源效率和能源系统研究开发创新等方面的合作，研发具有全球吸引力和成本效益的智能能源解决方案；加强与其他国家以及国际组织的合作，增加清洁能源投资，利用现代低排放技术促进全球能源系统可持续转型；认可市场对清洁能源转型的重要性，鼓励北欧公司和组织对加快清洁能源转型做出承诺，支持并促进公共和私营部门相关合作。

2）法国：

法国总统宣布于2021年关停所有燃煤电站，将逐步淘汰煤电的时间提前了两年，以巩固其在应对气候变化问题上的立场。此外，法国还希望通过消除环境污染，改善法国经济。

3）英国：

英国政府宣布从2019年4月开始废止新能源发电上网电价补贴政策。英国商务、能源与工业战略部认为，随着成本下降，没有补贴情况下，小型清洁能源已可以实现生存和发展。

4）荷兰：

2018年5月，荷兰经济事务与气候部宣布荷兰2030年开始禁止在所有电力生产中使用煤炭，所有的燃煤电厂最迟于2030年前关闭。

5）意大利：

2019年1月，意大利经济发展部发布《意大利2030年气候与能源国家综合规划》。规划2030年底太阳能装机容量达到5000万kW，风电装机容量达到1840万kW，可再生能源占能源消费总量的30%。可再生能源在电力行业占比55.4%，在供热与制冷领域占比33%，在交通运输领域占比21.6%。

6）希腊：

2019年3月，希腊政府向欧盟委员会提交了新的国家能源和气候计划，预计投资350亿欧元用于能源转型。计划有两个重点，一是推动能源结构的变革。促进电力行业转型，使可再生能源发电量占比达到55%以上。二是促进能源节约。到2030年，对10%的住宅进行翻新或改造，以实现低排放甚至零排放。

1.2.3 电力供需情况

（一）电力供应

欧洲电网电力总装机容量小幅增长，新增装机主要来自可再生能源，海上风电增长迅速，火电和核电呈现负增长。2018年，欧洲互联电网电力总装机容量达到11.63亿kW，同比增长0.99%。可再生能源（含水）装机容量持续增长，达到5.56亿kW，占总装机容量的47.79%；其中，风电增长较快，装机容量达到18 469.9万kW，占总装机容量的15.88%。ENTSO - E成员国中，可再生能源装机容量最多的是德国，达到1.15亿kW，其次为意大利和法国。2014—2018年欧洲地区电源结构如图1 - 10所示。

欧洲电网发电量小幅降低。2018年，欧洲电网总发电量为36 591亿kW·h，同比降低0.47%。火电发电量连续多年增长后首次回落，同比降低5.66%，但仍占比最多，达到40.8%；核电发电量略有增长，占比22.1%；可再生能源发电量保持增长趋势，占比达到35.5%，其中水电发电量最多，占可再生能源发

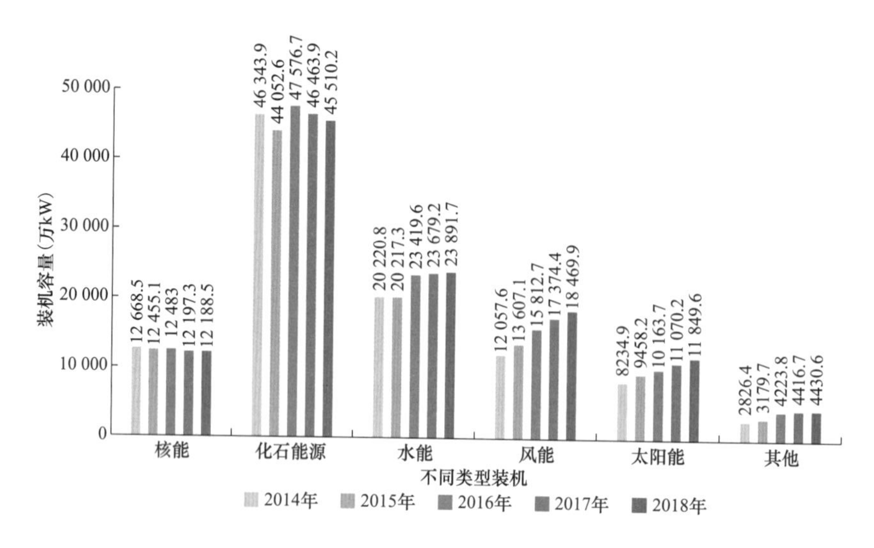

图 1-10　2014—2018 年欧洲地区电源结构

电量的 47%。ENTSO-E 成员国中，发电量最多的是德国，其次是法国和土耳其，阿尔巴尼亚、冰岛和挪威 3 个国家可再生能源发电量占比超过 90%。2014—2018 年欧洲地区不同类型装机发电量如图 1-11 所示。

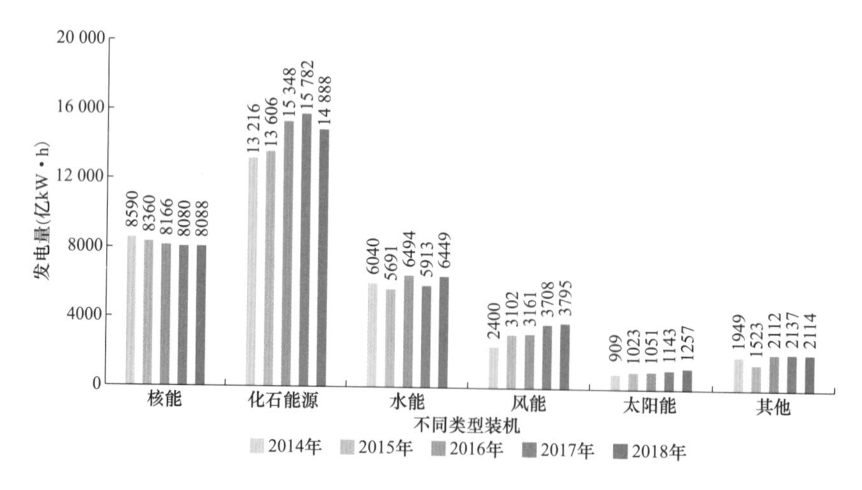

图 1-11　2014—2018 年欧洲地区不同类型装机发电量

（二）电力消费

欧洲地区用电量在连续 3 年增长后再次转为负增长。2018 年，ENTSO-E 成员国用电量为 36 284 亿 kW·h，同比降低 0.16%。其中，德国、法国、意大利、英国、土耳其用电量占比较高，分别为 14.83%、13.18%、8.88%、

8.38％和8.27％。2014—2018年欧洲地区用电量如图1-12所示。

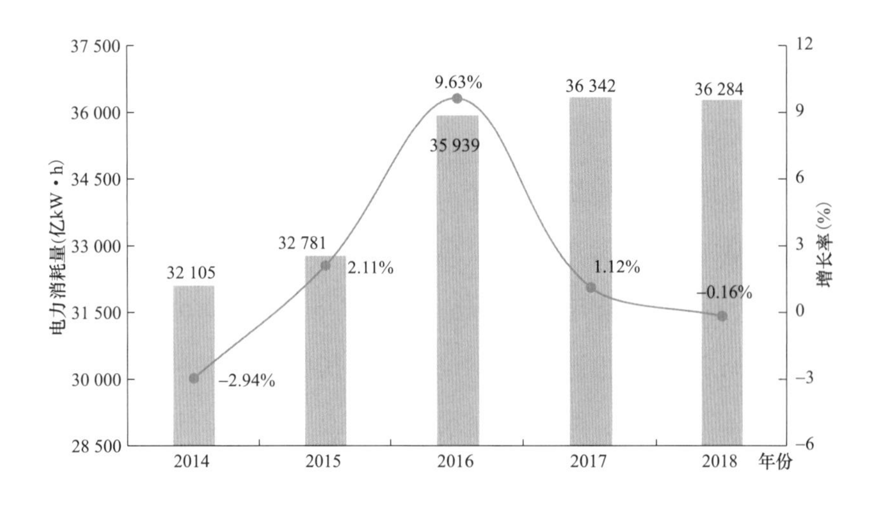

图1-12　2014—2018年欧洲地区用电量

欧洲电网最大用电负荷在波动中增长。2018年，欧洲电网的最大用电负荷达到58 972万kW，同比增长1.45％。各国最大用电负荷一般出现在冬季，主要负荷集中于法国、德国、英国、意大利，分别占16.33％、13.41％、10.42％和9.76％。2014—2018年欧洲地区最大用电负荷如图1-13所示。

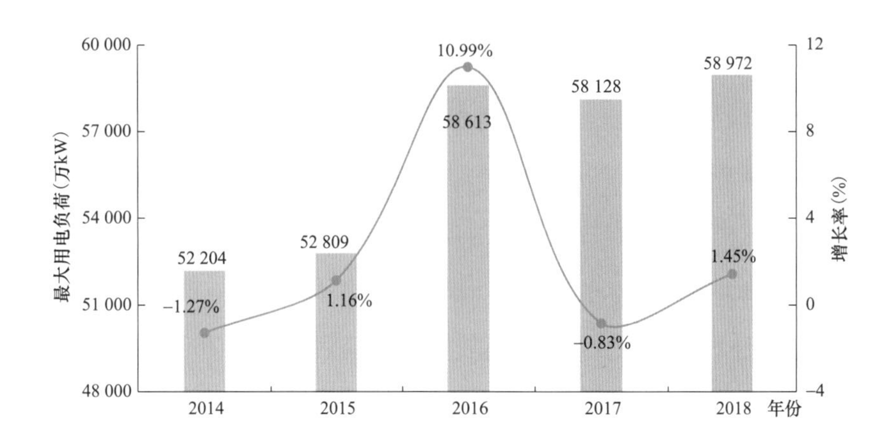

图1-13　2014—2018年欧洲地区最大用电负荷

1.2.4 电网发展水平

（一）电网规模

欧洲互联电网输电线路总规模在2017年缩减后小幅增长。欧洲电网以陆地交流互联为主，跨海直流互联为辅，主网架以380kV为主，欧洲电网常见的电压等级为750、400、380、330、285、220kV。截至2018年12月，欧洲互联电网220kV及以上输电线路总长度约315 682km，较2017年增加0.19%，但较2016年仍然减少了4.98%。其中，220～380kV电压等级线路在连续两年明显萎缩后，再次小幅增长，380～400kV电压等级线路长度较2017年有所回落。2014—2018年欧洲电网220kV及以上输电线路长度如表1-5所示。

表1-5　2014—2018年欧洲电网220kV及以上输电线路长度　km

电压等级	2014年	2015年	2016年	2017年	2018年
220～380kV（不含380kV）	150 955	151 369	133 844	129 619	131 065
380～400kV	155 548	156 712	173 233	177 556	176 703
750kV	471	471	382	385	385
直流	5719	5676	7138	7519	7529
总计	312 693	314 228	332 244	315 079	315 682

（二）网架结构

2018年7月，欧盟主席与葡萄牙、法国、西班牙领导人共同签署里斯本宣言。宣言旨在增强地区能源合作，促进利比亚半岛可再生能源消纳，并融入欧洲能源市场。如图1-14所示，规划建设线路包括：1条280km的法国-西班牙比斯开湾互联线路，2025年建成，两国互联容量翻倍；1条西班牙-葡萄牙互联线路，2021年建成，两国互联容量达到3.2GW；2条跨越比利牛斯山脉的法国-西班牙互联线路。

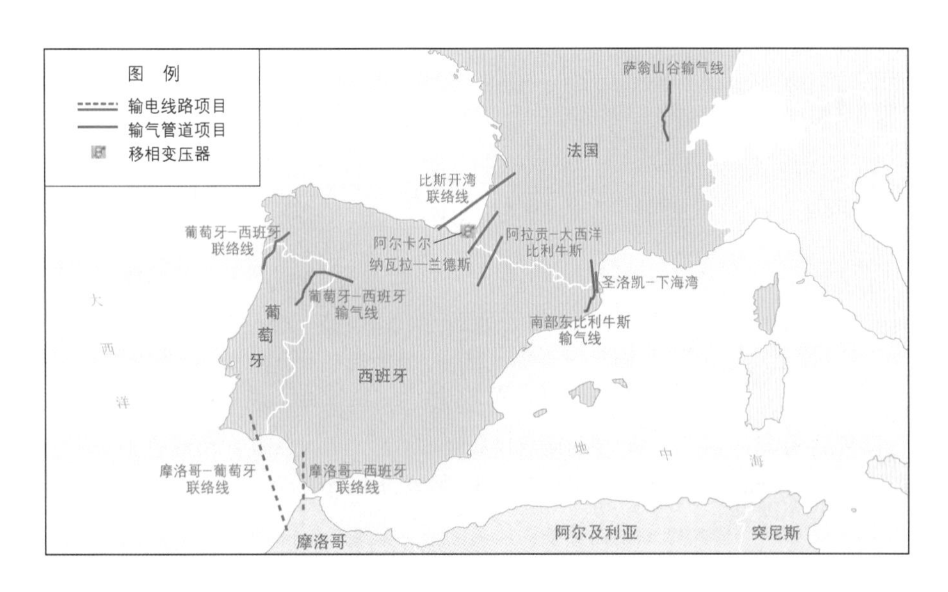

图 1－14 里斯本宣言规划线路

“波罗的海－欧洲大陆”同步联网取得新进展。2019 年 3 月欧洲设施互联基金批准 3.23 亿欧元支持同步联网建设；同月，ENTSO 正式批准欧洲大陆电网向波罗的海地区延伸；2019 年 6 月，欧盟主席与波罗的海三国（立陶宛、拉脱维亚、爱沙尼亚）及波兰领导人共同签署实施路线图。波罗的海地区电网目前与俄罗斯及白俄罗斯电网同步运行，通过 4 条跨海直流输电线路与北欧电网相连，计划于 2025 年前新建 2 条立陶宛－波兰跨国互联线路，实现与欧洲大陆电网同步。

欧洲其他地区正在建设的跨国联络线路如表 1－6 所示。

表 1－6　　欧洲其他地区正在建设的跨国联络线路

地区	项目名称	项 目 内 容	预计试运行时间
挪威－英国	Norway－Great Britain，North Sea Link	新建海底高压直流线路 720km，连接挪威西部和英格兰东部，电压为 515kV，输电容量为 140 万 kW	2021 年
法国－英国	IFA2	新建海底高压直流线路 250km，连接法国卡昂和英国南安普顿地区，输电容量为 108 万 kW	2020 年

续表

地区	项目名称	项目内容	预计试运行时间
意大利-法国	Italy - France	新建陆上 32kV 高压直流线路 190km，连接 Piossasco 和 Grand Ile 变电站	2019 年
意大利-黑山	Italy - Montenegro	新建两条陆上直流线路和一条 445km 500kV 的海底直流电缆，连接意大利和黑山	2026 年
丹麦-德国	Kriegers Flak CGS	新建一条高压直流线路，连接丹麦和德国，输电容量为 40 万 kW	2019 年
挪威-德国	Norway - Germany, Nordlink	新建海底高压直流连接线路 514km，连接挪威北部与德国北部，输电容量为 140 万 kW	2020 年
丹麦-德国	DKW - DE, step 3	新建新型双回路 380kV 线路 110km，连接 Kassoe 和 Audorf	2020 年
丹麦-荷兰	COBRA cable	新建 320kV 直流海底电缆 325km，连接 Endrup 和 Eemshaven，输电容量为 70 万 kW	2019 年
英国-比利时	Thames Estuary Cluster (NEMO - Link)	新建海底直流线路 140km，连接 Richbrough 和 Gezelle，输电容量为 100 万 kW	2019 年
比利时-德国	ALEGrO	新建高压直流线路 90km，连接 Lixhe 和 Oberzier	2020 年
波兰-德国	GerPol Improvements	将 Krajnik 和 Vierraden 之间现有 220kV 互联线路升级为 400kV 线路	2021 年
英国-法国	ElecLink	新建线路 69km，连接 Sellindge 和 Mandarins，输电容量为 100 万 kW	2019 年
奥地利-意大利	Prati - Steinaclh	新建线路 139km，连接奥地利现有 110kV Steinach 变电站、132kV Brennero 变电站与新意大利 132kV Prati di Vizze 变电站	2019 年

（三）运行交易

欧洲互联电网跨国联络线路整体规模保持稳定，成员内部电力交易频繁，与外部电力交易量持续下降。截至 2018 年底，欧洲互联电网共建成 393 条交流和 30 条支流跨国输电线路，与 2017 年一致。2018 年 ENTSO-E 成员国之间交易电量达到 4348.9 亿 kW·h，基本维持 2017 年水平，占总发电量的 11.8%；

与外部交易电量约为322.1亿kW·h，同比下降0.9%，且已经持续多年呈下降趋势。其中，德国、法国为主要电力出口国，净出口电量分别为511亿、626亿kW·h；意大利、英国、芬兰为主要电力进口国，净进口电量分别为439亿、205亿、199亿kW·h。2014—2018年欧洲地区交易电量如图1-15所示。

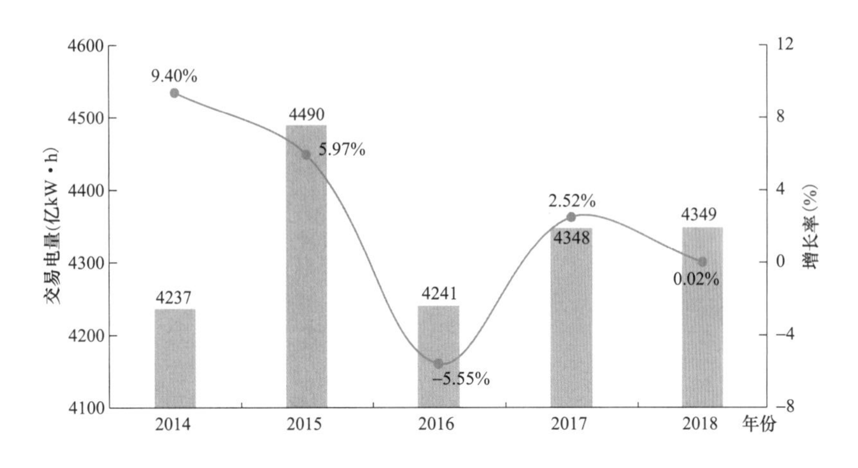

图1-15　2014—2018年欧洲地区交易电量

（四）储能发展

欧洲储能市场规模持续高速增长。2009—2019年，欧洲共宣布超过440万kW的储能项目（不包含抽水蓄能），其中27%的项目投入运行，3%正在建设，70%处于规划中。投入运行的120万kW储能项目中，92%为锂电池项目，其次是钠硫电池储能。英国与德国引领欧洲储能市场，英国的市场规模达到280万kW左右，德国达到50万kW左右。近期，英国宣布了约200万kW储能项目，法国和爱尔兰各宣布了40万kW左右的项目。

1.3 日本电网

日本电网覆盖面积37.8万km^2，供电人口约为1.27亿。日本列岛（不含冲绳地区）电网以本州为中心，分为西部电网和东部电网。西部电网包括中国、四国、九州、北陆、中部和关西 6 个电力公司，骨干网架是 500kV 输电线路，频率为 60Hz，由关西电力公司负责调频。东部电网包括北海道、东北和东京 3 个电力公司，由网状 500kV 电力网供电，频率为 50 Hz，由东京电力公司负责调频。东部电网、西部电网采用直流背靠背联网，通过佐久间（30 万 kW）、新信浓（60 万 kW）和东清水（30 万 kW）3 个变频站连接。此外，还包含独立于东、西部电网的冲绳地区电网。大城市电力系统均采用 500、275kV 环形供电线路，并以 275kV 或 154kV 高压线路引入市区，广泛采用地下电缆系统和六氟化硫（SF_6）变电站。

1.3.1 经济社会概况

日本经济缓慢复苏，2018 年 GDP 达到 6.2 万亿美元，增速为 0.8%；人均 GDP 达到 4.9 万美元，同比增长 1.0%。货币政策继续宽松刺激了投资缓慢增长，但严重的社会老龄化问题加重了政府债务负担，对经济增长带来长期负面影响，整体经济增长缓慢。2014—2018 年日本 GDP 及其增长率如图 1-16 所示。

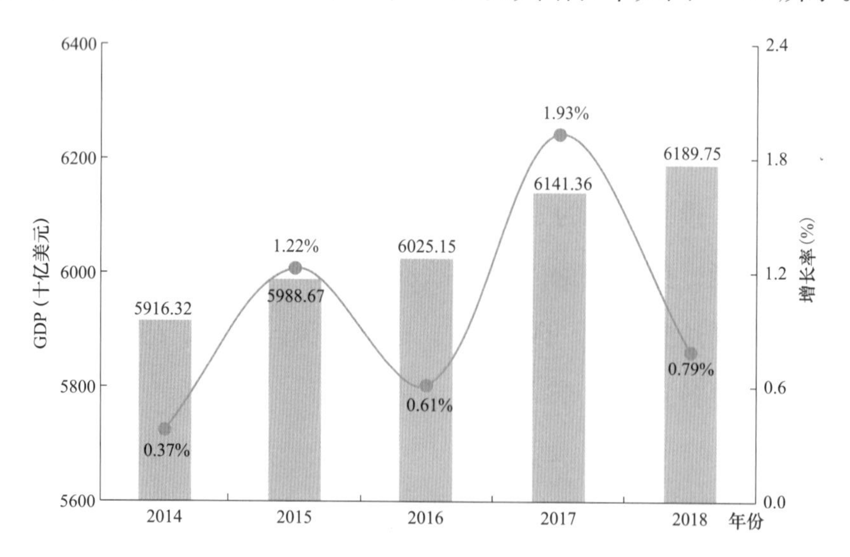

图 1-16　2014—2018 年日本 GDP 及其增长率（以 2010 年不变价美元计）

数据来源：WorldBank。

日本能源消费总量与能源强度均呈下降趋势。2018 年，日本能源消耗总量为 424.44Mtoe，同比下降 1.2%，能源强度继续保持下降趋势，达到 0.079kgoe/美元（2015 年价），同比下降 2.3%。2014—2018 年日本能源消费总量、强度情况如图 1-17 所示。

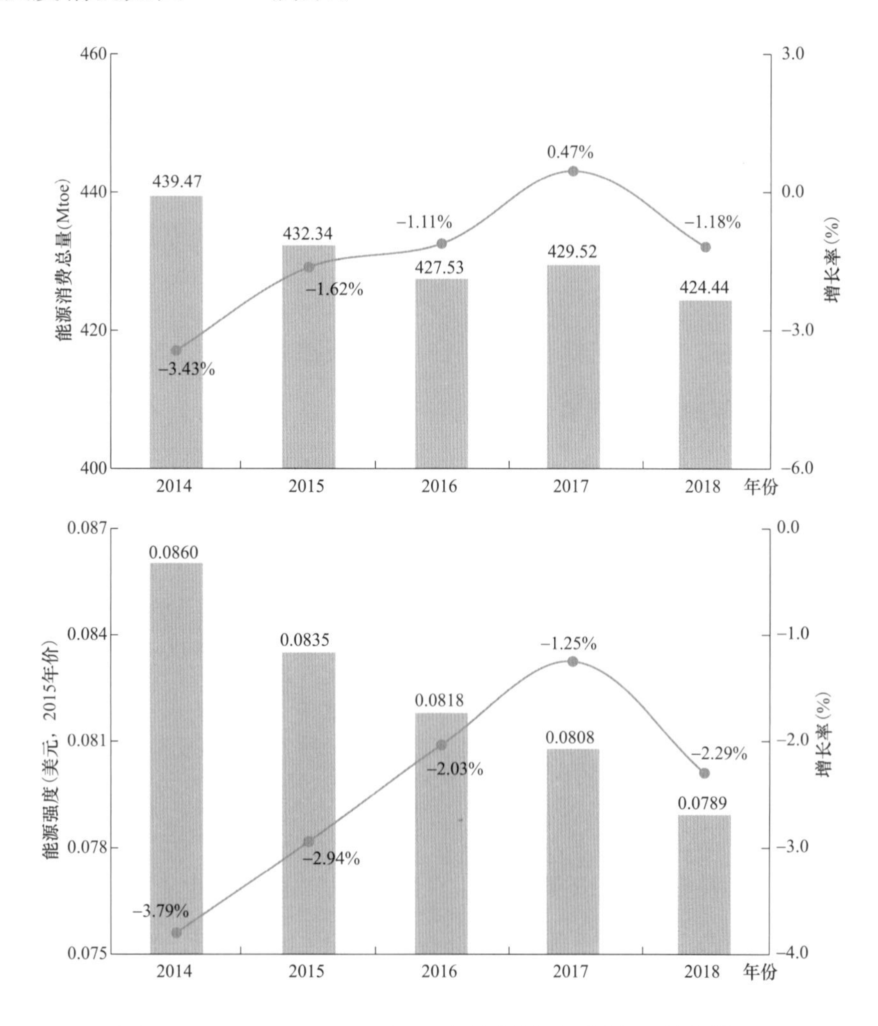

图 1-17　2014—2018 年日本能源消费总量、强度情况

数据来源：Energy Statistical Yearbook 2019。

1.3.2　能源电力政策

日本国内资源匮乏，能源对外依存度较高，电价水平高于国外，加之福岛核事故以及《巴黎协定》减排承诺带来的能源清洁化、低碳化方面的压力，日本政府先后出台了一系列政策，意图推动清洁能源发展，逐步削减碳排放。但由于其国内核能发展的停滞，短期内再度加大了对化石燃料的依赖。

（1）设定碳中和目标。2019 年 6 月，日本内阁批准了“碳中和目标”的长远计划，将解决其煤炭依赖问题的希望寄托于相关技术的发展。

延伸阅读——“碳中和目标”计划政策要点

1）时间规划方面，该计划宣布“将碳中和社会作为最终目标，并力争在 21 世纪下半叶实现这一目标”。

2）内容方面，该计划建立在 2016 年的承诺基础上，即到 2050 年将碳排放量从 2010 年的水平削减 80%，并着手在氢能和二氧化碳捕获和利用等领域进行创新。计划宣布到 2023 年将碳捕获和利用（CCU）技术商业化，到 2030 年在燃煤发电领域推广碳捕获和存储（CCS）；到 2050 年将氢的生产成本削减至不到目前的 1/10。

“碳中和目标”因为未能彻底解决日本的煤炭依赖性而广受批评。一些气候活动家警告，将减少排放的希望过多地寄托于未来科技的发展将有可能阻碍巴黎协议的目标实现。

（2）削减光伏补贴。2019 年 3 月，日本经济贸易产业省（METI）为小型商用太阳能领域制定了新的上网电价补贴（feed - in tariff，FiT），从 4 月 1 日起，FiT 迎来其连续第七年下调。

延伸阅读——新电价补贴政策要点

与旧有的补贴政策相比，2019 新政策中海上风电、地热和生物能的 FiT 没有变化，陆上风电的 FiT 有所下降，太阳能领域 FiT 迎来连续第七年下调。太阳能领域补贴下调主要体现在两个方面：

1）小型太阳能 FiT 在 4 月 1 日后下调 22%，至 14 日元/（kW·h）[0.13 美元/（kW·h）]。此次削减适用于 10～500kW 的系统，而对于普遍用于住宅的光伏行业或小于 10kW 的系统，FiT 将保持不变，仍为 24～26 日元/（kW·h）。

2）日本政府将启动公开招标程序，将费率上限制度施行范围由此前的 500kW 以上拓宽至 200kW 以上，作为降低太阳能补贴的又一举措。

（3）强调低碳发展的紧迫性。2019 年 6 月，日本内阁发布 2019 年能源白皮书，强调了电力部门减少碳排放的迫切需求，并重申该国的目标是推动可再生能源发展，在 2030 年使其在电力供应中的占比达到 22%～24%。

延伸阅读——《2019 能源白皮书》要点

《能源年度报告》（也称为“能源白皮书”）主要概述日本政府在上一财政年度根据《能源政策基本法案》提交给国会的能源措施和日本能源发展趋势。

能源白皮书将太阳能、风能等可再生能源定位为主力能源，计划到 2030 财年将可再生能源发电占比提高至 22%～24%。

能源白皮书提出，今后要尽量降低日本对核电站的依赖度，强调安全最优先的核电站利用方针。2011 年“3·11”大地震后，日本虽然在节能方面取得一些进展，但由于核电站停运，能源自给率几乎没有得到改善。日本对火力发电的依赖程度增加，对进口原油和天然气依赖程度高的情况持续。

能源白皮书指出，目前日本发电成本偏高限制了可再生能源的发展。

比如，日本太阳能发电成本约是欧洲的两倍。为此，能源白皮书要求制定中长期价格目标并改革制度，以促进发电公司削减可再生能源发电成本，有效利用输电线路的容量以输送更多来自可再生能源的电力。

能源白皮书还认为，燃料电池相较于太阳能和风能受天气影响较小，能够稳定发电。日本企业的燃料电池技术世界领先，应以举国之力支持，维持企业竞争力。

1.3.3 电力供需情况

（一）电力供应

2018年，日本发电装机容量略有下降。截至2018年底，日本发电装机容量为3.31亿kW，同比下降1.18%。火电装机容量同比下降1%，但仍是日本第一大装机类型，占总装机容量的59%。核电装机持续下降，同比减少2.96%。水电装机基本持平，风电、光伏、地热等可再生能源装机略有下降，同比减少0.75%。2014—2018年日本电源结构如图1-18所示[1]。

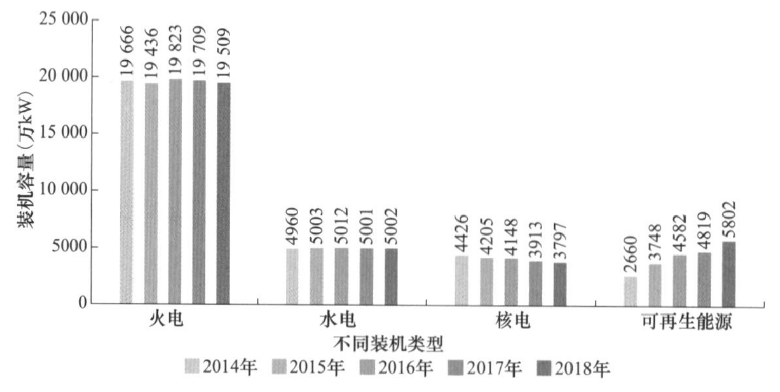

图1-18　2014—2018年日本电源结构

数据来源：IEA，Electricity Information 2018。

[1] 可再生能源包括风电、光伏发电和地热发电。

根据规划，未来十年日本将大幅增加核电和可再生能源装机容量。根据各电力公司发布的至2028财年发电机组建设计划，日本将净增核电装机容量977.3万kW，占当前核电装机容量的25.7%；净增可再生能源装机容量634万kW，占当前可再生能源装机容量的13.3%，其中光伏和风电净增装机容量最多，分别为377.8万kW和168.9万kW。火电装机容量虽然将新增1611.8万kW，但同时将退役1009.6万kW，净增仅578.2万kW，占当前火电装机的2.96%。

2018年，日本发电量增长至11018.9亿kW•h，是2011年以来的最高水平，但增速较2017年有所放缓。自2016年起，日本发电量实现连续3年正增长，2016—2018年年增长率分别为1.06%、2.57%和1.54%。但近20年来，日本发电量增长乏力，近一半的年份出现了负增长，2000—2018年年均增长率仅为0.2%。2014—2018年日本发电量如图1-19所示。

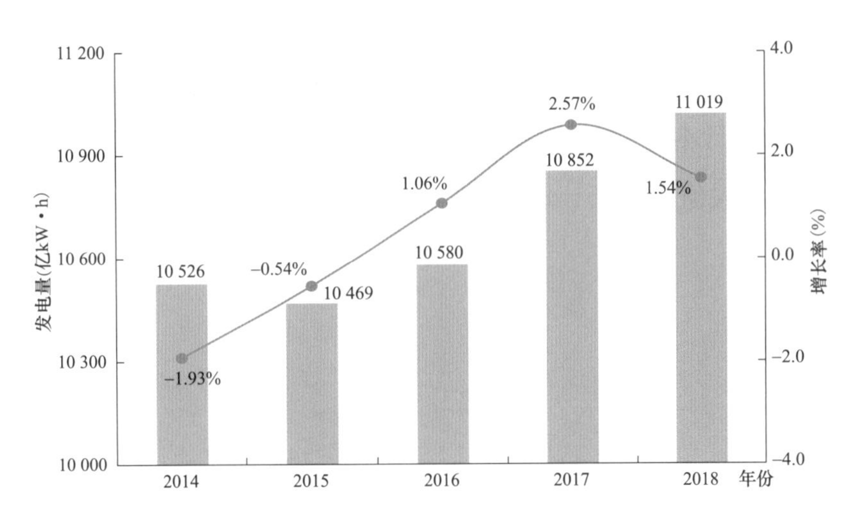

图1-19　2014—2018年日本发电量

数据来源：Energy Statistical Yearbook 2019。

（二）电力消费

日本用电量连续3年正增长。2018年日本用电量为10 202.3亿kW•h，同比增长1.51%。自2016年开始，日本用电量连续3年攀升，达到2008年以来的最高水平。但2000—2018年日本用电量年均增速仅为0.4%。2014—2018年日本用电量如图 1-20 所示。

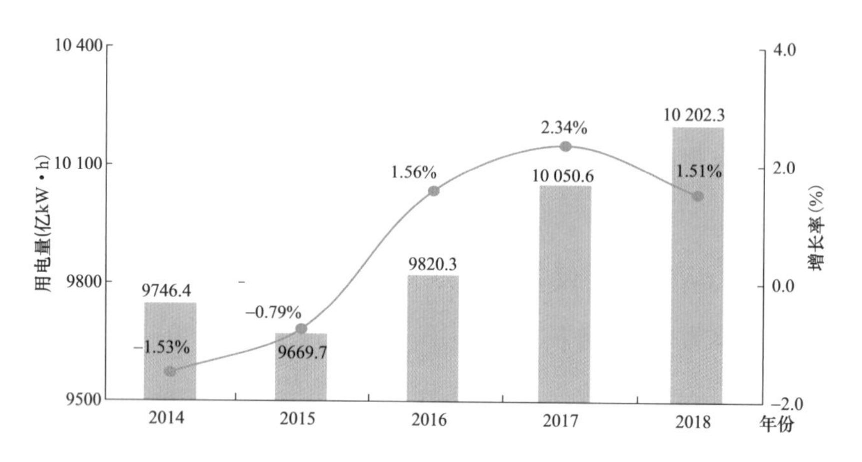

图 1-20　2014—2018 年日本用电量

数据来源：Energy Statistical Yearbook 2019。

日本电网最大用电负荷连续 3 年增长，预计未来将在当前基础上有所降低。2018 年，日本电网 3 日平均用电最大负荷为 15 970 万 kW，同比增长 1.67%。自 2011 年以来，日本电网最大用电负荷一直维持在 1.5 亿～1.6 亿 kW 之间，2018 年达到了最大值。2016—2018 年日本最大 3 日用电负荷及预测如图 1-21 所示。

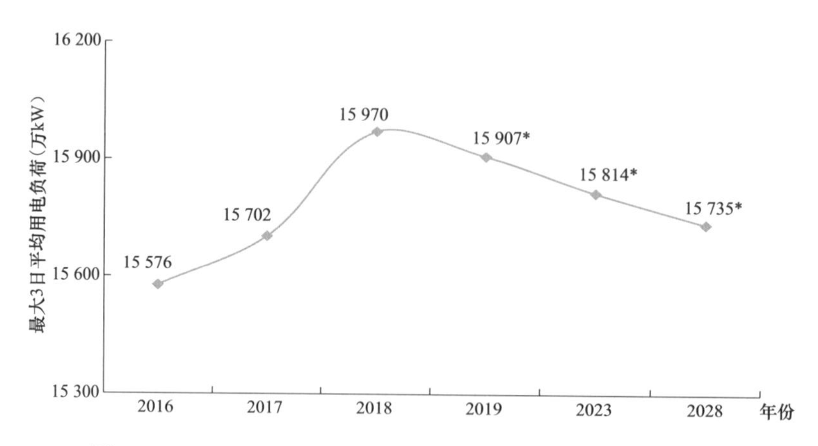

图 1-21　2016—2018 年日本最大 3 日用电负荷及预测

数据来源：OCCTO。

* 为预测值。

1.3.4 电网发展水平

（一）电网规模

日本电网基础设施趋于成熟，电网规模保持稳定。2018财年，日本电网各电压等级输电线路总长度为178 544km，同比减少0.07%。以2014财年的长度为基准，截至2018财年，日本110～154kV和275kV线路长度减少了0.4%，500kV以上线路长度增加了1.3%，其余电压等级线路长度增幅均在0.5%以下，线路总长度增长了0.2%，日本电网规模长期保持稳定。由于国土面积狭小，日本电网高压线路规模较小，2018财年500kV及以上线路长度为15 618km，仅占总线路长度的8.74%，66～77kV线路占比最大，为45.75%。2014—2018财年日本各电压等级输电线路长度如表1-7所示。

表1-7 2014—2018财年日本各电压等级输电线路长度 km

电压等级	2014年	2015年	2016年	2017年	2018年
55kV以下	24 395	24 622	24 697	24 747	24 484
66～77kV	81 409	81 545	81 541	81 594	81 685
110～154kV	30 240	30 323	30 172	30 195	30 126
187kV	5265	5265	5264	5264	5264
220kV	5155	5238	5218	5162	5162
275kV	16 279	16 297	16 213	16 206	16 206
500kV以上	15 414	15 414	15 414	15 497	15 618
合计	178 156	178 698	178 514	178 663	178 544

数据来源：日本电气事业联合会。

（二）网架结构

为增强主干输电网络，缓解跨区输电能力紧张，促进全国范围内的电能输送，日本各大电力公司规划建设或升级多条主干输电线路和东西部电网联络换流站。截至 2019 年 5 月，各电力公司公布的在建和规划的跨区输电线路及变电站汇总如表 1-8 所示。输电线路方面，200kV 以上跨区联络线长度占总新建架空输电线路长度 65.5%。换流站方面，通过新建及改造“飞騨—新信浓”换流站“新佐久间”背靠背换流站和“东清水”背靠背换流站，计划到 2027 年东-西部电网间的交换容量由目前的 120 万 kW 提升至 300 万 kW。

表 1-8　日本各电力公司在建和规划的跨区输电线路及变电站

线　路	长　度
新建输电线路	549km
其中，架空输电线路	542km
地下输电线路	6km
其中，新建主要跨区联络线：	355km
东京-中部±200kV 直流（2021 年建成）	89km
东京-东北 500kV 交流（2027 年建成）	143km
东京-中部 275kV 交流（2027 年建成）	123km
新增换流站容量	180 万 kW
其中，“飞騨—新信浓”换流站（2021 年建成）	90 万 kW
“新佐久间”背靠背换流站（2027 年建成）	30 万 kW
“东清水”背靠背换流站（2027 年建成）	60 万 kW

数据来源：OCCTO（输电运营商跨区域协调组织）。

（三）运行交易

2018 财年日本跨区输送电量规模下降。2018 财年，日本跨区输送电量规模为 1107.6 亿 kW·h，同比下降 16.3%。东京、关西和中国地区外购电量最多，分别为 275.6 亿、106 亿 kW·h 和 90.7 亿 kW·h。东北、九州和四国地区外送电量最多，分别为 250.3 亿、162.8 亿 kW·h 和 102 亿 kW·h。2015—2018 财年日本跨区输送电量规模如表 1-9 所示。

表 1 - 9　　2015—2018 财年日本跨区输送电量规模　　GW·h

地　区		2015 财年	2016 财年	2017 财年	2018 财年
北海道 - 东北	送电	146	237	340	130
	受电	804	1033	1270	1005
东北 - 东京	送电	22 587	23 097	28 238	27 298
	受电	3714	4660	7071	3139
东京 - 中部	送电	693	2729	3954	1711
	受电	4513	5144	5328	5116
中部 - 关西	送电	3412	5538	8106	3675
	受电	7577	6544	9889	9980
中部 - 北陆	送电	108	241	353	134
	受电	172	59	108	76
北陆 - 关西	送电	2047	2033	2949	2033
	受电	502	640	1260	2540
关西 - 中国	送电	948	716	4493	4734
	受电	9138	13 179	16 727	13 388
关西 - 四国	送电	2	2	1	82
	受电	9611	8856	9510	8840
中国 - 四国	送电	3423	3294	4061	2579
	受电	4631	7638	7540	4023
中国 - 九州	送电	2174	1935	3014	1998
	受电	14 947	15 476	18 183	18 280

1.4　巴西电网

巴西幅员辽阔，国土面积居世界第五，从北部到东南部的输电跨度在 2000km 以上。目前已形成南部、东南部、北部和东北部 4 个大区互联电网，在亚马逊地区还有一些小规模的独立系统。巴西输电线路主要集中在东南部、南部和东北部主要城市，用电负荷最大的区域是东南部，与北部过剩的装机容量空间距离较远。巴西电网分布如图 1 - 22 所示。

图 1 - 22　巴西电网分布示意图

1.4.1　经济社会概况

经过 2015、2016 年两年严重衰退，巴西国内生产总值从 2017 年起重现增长。2018 年，巴西国内生产总值为 2.3 万亿美元，增速为 1.12%，与上年基本持平。2018 年，巴西农业增长明显放缓，增速仅为 0.1%，工业增长 0.6%，服务业增长 1.3%，成为 GDP 增长中的主要亮点。人均 GDP 为 11 069 美元，与 2017 年基本持平，比 2013 年峰值下降了 8.1%。2014—2018 年巴西 GDP 及其增长率如图 1-23 所示。

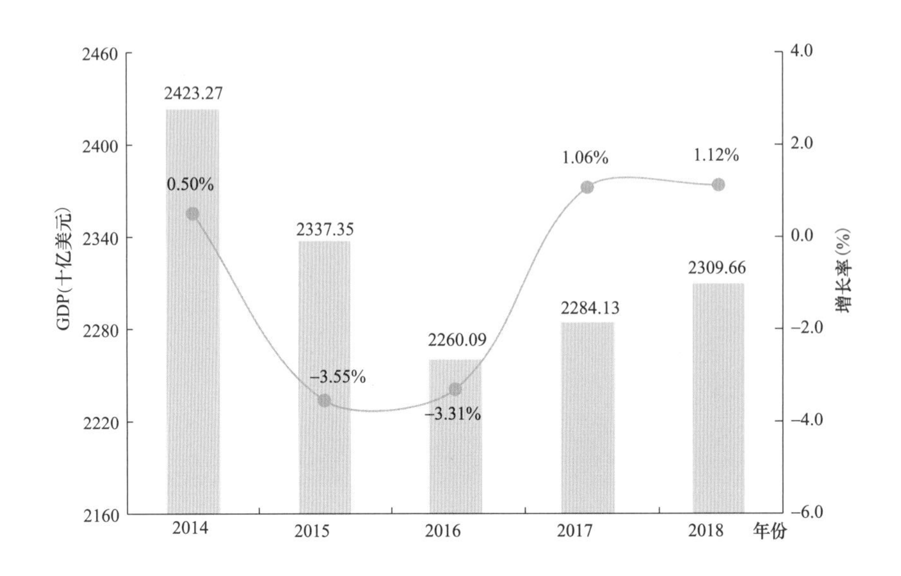

图 1-23 2014—2018 年巴西 GDP 及其增长率（以 2010 年不变价美元计）

数据来源：WorldBank。

巴西能源消费总量小幅增长，能源强度小幅下降。受到经济持续复苏的影响，巴西能源消费总量连续两年保持增长，为 290.5Mtoe，同比上升 0.5%。经济增速超过能源消费增速，能源强度较 2017 年略有下降，达到 0.091kgoe/美元（2015 年价）。2014—2018 年巴西能源消费总量、强度情况如图 1-24 所示。

1.4.2 能源电力政策

（1）制定能源发展计划。2019 年，巴西矿业与能源部批准了由巴西能源研究院（EPE）起草完成的能源发展规划，提出了对巴西能源工业发展的展望，也为能源领域的投资决策提供了依据。

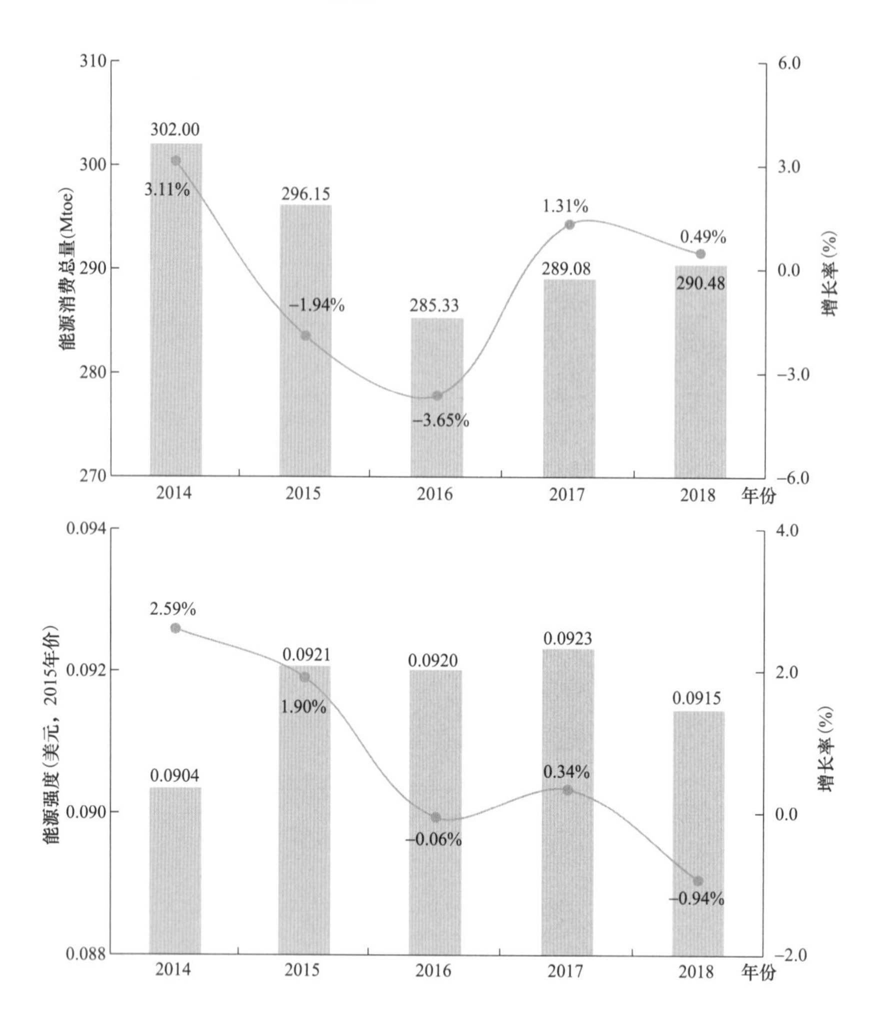

图 1-24　2014—2018 年巴西能源消费总量、强度情况

数据来源：Energy Statistical Yearbook 2019。

延伸阅读——能源发展规划政策要点

1）到 2027 年，能源供应量将达到 367.4Mtoe，年均增长 2.3%。其中，47%的能源供应将来自可再生能源。

2）到 2027 年，能源基础设施投资需要 1.8 万亿雷亚尔（4900 亿美元）。其中，油气行业投资占 76%，电力设施占 21.6%，生物燃料占 2.3%。

（2）提高国内售电价格。巴西国家电力局（National Electric Energy Agency，ANEEL）发布了一项新的决议，进一步提高不同颜色标签下的电价，将导致全国范围内电价提升。

延伸阅读——决议政策要点

ANEEL在2015创建分段销售电价机制（“红黄绿”电价标记机制），通过预测全国范围内的发电机组供电裕度和发电成本变化，发布未来月份的电价颜色标签，并根据颜色标签收取额外费用。分段电价分3级：“绿色”为正常级，电价维持不变；“黄色”为中间级；“红色”为高级，又分为“红Ⅰ级”和“红Ⅱ级”。新决议中：

1）“黄色”从每100kW•h上涨1雷亚尔增加到1.5雷亚尔，“红Ⅰ级”从每100kW•h上涨3雷亚尔增加到4雷亚尔，“红Ⅱ级”从每100kW•h上涨5雷亚尔增加到6美元，此更改于2019年6月1日生效。

2）电费增加是因为水电机组发电裕度风险的计算方法有所更新，在新的核算方法下，在缺少降水、电能更加昂贵时，消费者将额外支出部分费用。

1.4.3 电力供需情况

（一）电力供应

巴西电力总装机容量保持增长，新能源增长势头强劲，热电装机有所下降。截至2018年底，巴西电力总装机容量为1.62亿kW，同比增长3.6%。水电仍是巴西的主要电源形式，占比高达64.0%，但装机规模增速减缓，同比增长仅3.9%。热电装机容量略有减少，同比降低2.7%。可再生能源发展强劲，风能装机规模同比增长17.2%，太阳能实现跨越式发展，装机规模近180万kW，同比增长92.2%。2014—2018年巴西电源结构如图1-25所示。

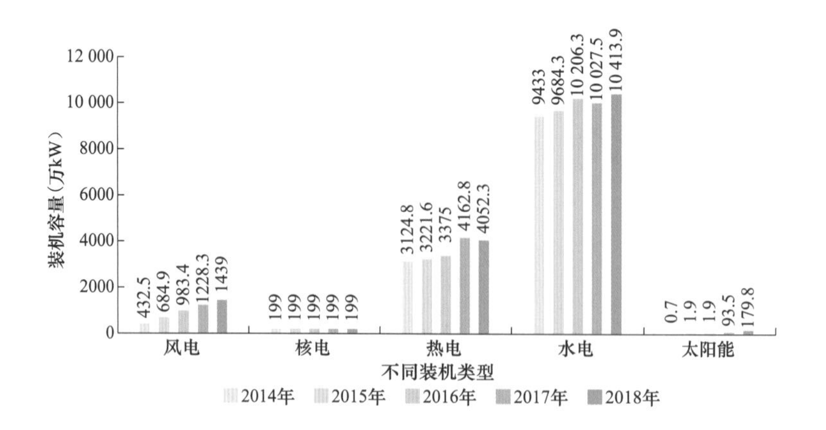

图 1-25　2014—2018 年巴西电源结构

巴西发电量小幅度上升，光伏增长显著，热电有所下降。2018 年，巴西发电量为 6013.96 亿 kW·h，同比增长 2.0%。水电发电量占比达到 64.7%，同比增长 4.9%。热电发电量同比下降 10.3%，但生物质发电增长 2.4%，主要因为政府对生物燃料（甘蔗）的支持。可再生能源发电量增长迅速，风电同比增长 14.4%，太阳能发电量增长迅猛，同比增长 316.1%。2014—2018 年巴西不同类型装机发电量如图 1-26 所示。

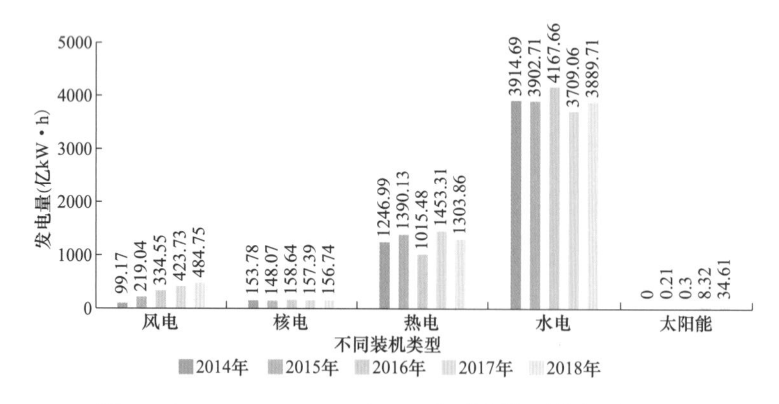

图 1-26　2014—2018 年巴西不同类型装机发电量

（二）电力消费

巴西用电量继续保持增长。2018 年，巴西全社会用电量为 5830.6 亿 kW·h，同比增长 1.48%。主要用电量集中在东南地区，占比近 6 成，北部地区用电量下降，同比降低 2.3%。2014—2018 年巴西各地区用电量如图 1-27 所示。

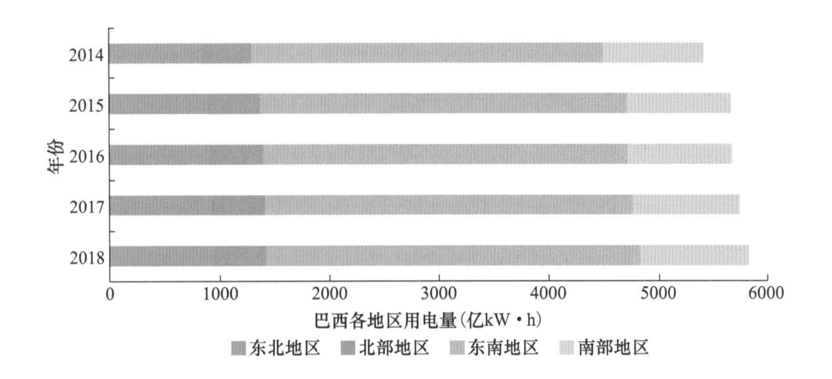

图 1-27　2014—2018 年巴西各地区用电量

巴西电网最大负荷有所下降，主要负荷集中在东南地区。巴西电网近60%的负荷集中在东南地区，南部地区和北部地区负荷略有下降，同比皆下降 1.6%，最大负荷月份一般集中在 12 月至次年 2 月。2018 年，巴西电网最大负荷发生在 12 月 17 日，峰值达 8497.6 万 kW，同比下降 0.8%。2014—2018 年巴西各地区的最大用电负荷如图 1-28 所示。

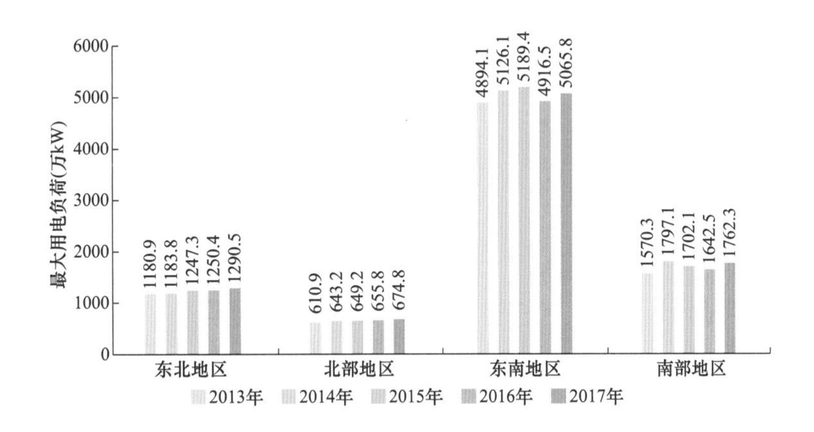

图 1-28　2014—2018 年巴西各地区的最大用电负荷

1.4.4　电网发展水平

（一）电网规模

巴西电网规模小幅增长，除 500kV 和 230kV 线路外，其他电压等级线路规模保持稳定。2018 年，巴西 132kV 及以上电压等级电网总规模达到

132 847km，同比增长 3%。巴西的输电网电压等级复杂，包括 230、345、440、500、525kV 和 750kV 交流电压等级以及±600kV 和±800kV 直流电压等级。230kV 和 500kV 线路占比较大，分别占 39.5%和 31.4%。2018 年，除 230kV 和 500kV 线路分别增长 2.3%和 6.8%，其他电压等级线路规模保持不变。2014—2018 年巴西各电压等级线路长度如表 1-10 所示。

表 1-10　　2014—2018 年巴西各电压等级线路长度　　km

电压等级	2014 年	2015 年	2016 年	2017 年	2018 年
±800kV	—	—	—	4168	4168
750kV	1722	1722	1722	1722	1722
±600kV	4772	9544	9544	9544	9544
525kV	6089	6420	6420	6540	6540
500kV	33 194	34 646	38 620	39 113	41 772
440kV	6884	6889	6903	6911	6911
345kV	9497	9497	9514	9514	9514
230kV	48 099	49 559	50 600	51 349	52 518
总计	110 258	118 278	123 324	129 019	132 847

巴西变电容量增速明显，东北地区增长最快。截至 2018 年底，巴西变电容量达 3.11 亿 kV·A，同比增长 5%。东南地区变电容量占比最大，占 51.6%；东北地区风电和太阳能等新能源电源大量新增接入，带动东北地区变电容量快速增长，同比增长达 10.9%。2014—2018 年巴西各地区变电容量如表 1-11 所示。

表 1-11　　2014—2018 年巴西各地区变电容量　　万 kV·A

地　区	2014 年	2015 年	2016 年	2017 年	2018 年
北部地区	2046.8	2213.6	2302.9	2322.7	2450.7

续表

地　区	2014 年	2015 年	2016 年	2017 年	2018 年
东北地区	4560.4	5085.4	5301.1	5893.9	6536.7
南部地区	5192.9	5466.1	5643.5	5826.2	6039.0
东南地区	14 268.4	14 755.5	15 083.5	15 694.8	16 040.8
总计	26 068.5	27 520.6	28 331.0	29 737.5	31 067.1

（二）区域互联

巴西继续寻求南美区域电网互联，与多国存在或正在规划建设互联通道。巴西已实施或正在考虑将其系统与阿根廷、玻利维亚、圭亚那、秘鲁、苏里南和乌拉圭之间的互联线路。目前，巴西与阿根廷通过 132kV 和 500kV 输电线路经换流站实现互联，传输容量共 105 万 kW；与巴拉圭通过 4 条 500kV 输电线路经伊泰普水电站互联；与乌拉圭通过 230kV 和 500kV 两条输电线路实现互联，传输容量共 57 万 kW；与委内瑞拉通过 230kV 的输电线路实现互联，容量为 20 万 kW。

（三）运行交易

巴西电网区域间传输电量规模波动明显，北部电网外送电量占总规模一半以上。2018 年，巴西区域间传输电量规模达到 445.98 亿 kW·h。其中，北部向东北和东南地区以外送为主，送电规模为 175.63 亿 kW·h；随着东北地区新能源装机的大幅增长，东北地区从东南地区受入电量逐渐下降；东南地区向南部地区送电量逐步增加。2014—2018 年巴西电网电力交换情况如表 1 - 12 所示。

表 1 - 12　2014—2018 年巴西电网电力交换情况　亿 kW·h

电量交换	2014 年	2015 年	2016 年	2017 年	2018 年
北部 - 东北	89.98	73.07	59.68	105.4	125.58

续表

电量交换	2014 年	2015 年	2016 年	2017 年	2018 年
北部-东南	122.18	86.25	-4.17	67.99	175.63
东南-南部	-101.88	-156.43	-108.15	93.86	127.97
东北-东南	-31.41	-58.62	-113.5	-36.43	-16.8
外送阿根廷	0.02	1.71	1.8	0.85	-2.65
外送巴拉圭	0	0	0	0	0
外送乌拉圭	0	-0.06	0	-9.74	-8.7

（四）私有化

巴西发电和输电市场私有化进程继续。受经济危机影响，巴西政府缺乏基础设施投资能力，于 2016 年通过第 13334 号法律宣布创立投资伙伴关系计划（Investment Partnerships Program，PPI）。PPI 旨在协调和监督巴西联邦政府推出的基础设施项目私有化。自成立，PPI 共推出 193 个项目，其中 136 个项目已签约，签约投资额达 680 亿美元，有 49 个项目由外国公司中标。电力基础设施方面，巴西输电线路等设施严重不足，是重要的私有化领域。2017 年，巴西矿业与能源部长提议将巴西电力公司（Eletrobras）私有化，Eletrobras 运营全国 47%的输电线路，发电装机容量占全国 32%，目前政府拥有其 63%的股份。巴西矿业与能源部、经济部将在 2019 年 8 月将私有化计划送交国会审议，目标在年底前获得批准。

（五）分布式电源

分布式光伏爆发式增长。截至 2018 年底，巴西累计接入分布式电源规模达到 66.96 万 kW，其中光伏占比达到 84%。2018 年，分布式电源新增规模为 42.35 万 kW，约为此前累计装机容量的 1.7 倍，其中光伏和水电占总新增规模比重分别达到 91.6%和 7.6%。2014—2018 年巴西分布式电源规模如表 1-13 所示。

表 1-13　2014—2018 年巴西分布式电源规模　MW

类型	热电	风电	水电	光伏	总计
2014 年	0.01	0.07	0.8	4.3	5.3
2015 年	0.2	0.1	0.8	13.8	17.0
2016 年	12.5	5.2	5.5	62.2	85.3
2017 年	24.0	10.3	37.3	174.5	246.1
2018 年	38.1	10.3	58.9	562.3	669.6

1.5　印度电网

印度电网由隶属中央政府的国家电网（由跨区电网和跨邦的北部、西部、南部、东部和东北部 5 个区域电网组成）和 29 个邦级电网组成，覆盖面积约 328 万 km^2。2013 年，随着 Raichur - Solapur 765kV 线路投产，印度电网实现了 5 大区域电网同步运行。印度区域电网间联络线共 47 条，以 765kV 和 400kV 交流为主。印度主要负荷中心集中在南部、西部和北部地区，能源及电力流具有跨区域、远距离、大规模的特点，输电方向主要为东电西送，辅以北电南送。印度电网常见的电压等级为 765、400、220kV 和 ±800、±500kV。220kV 及以上跨区联网如图 1-29 所示。

1.5.1　经济社会概况

印度经济增速出现波动，近五年来首次低于 7%。2018 年 GDP 为 2.8 万亿，GDP 增速降至 6.9%；人口 13.5 亿，同比增长 1.1%；人均 GDP 为 2115.1 美元，同比增长 5.9%，仅为全球人均 GDP 的 19%。2014—2018 年印度 GDP 及其增长率如图 1-30 所示。

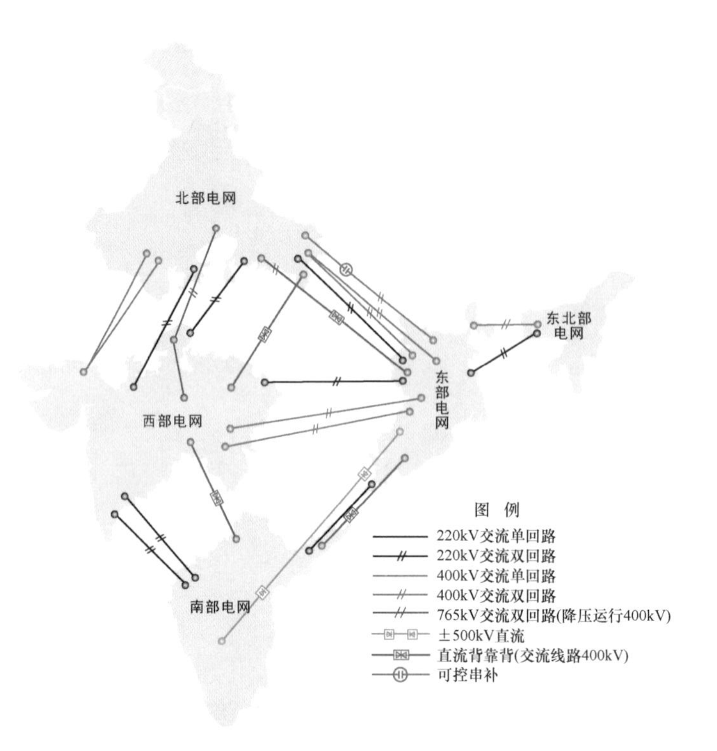

图 1-29 印度 220kV 及以上跨区联网示意图

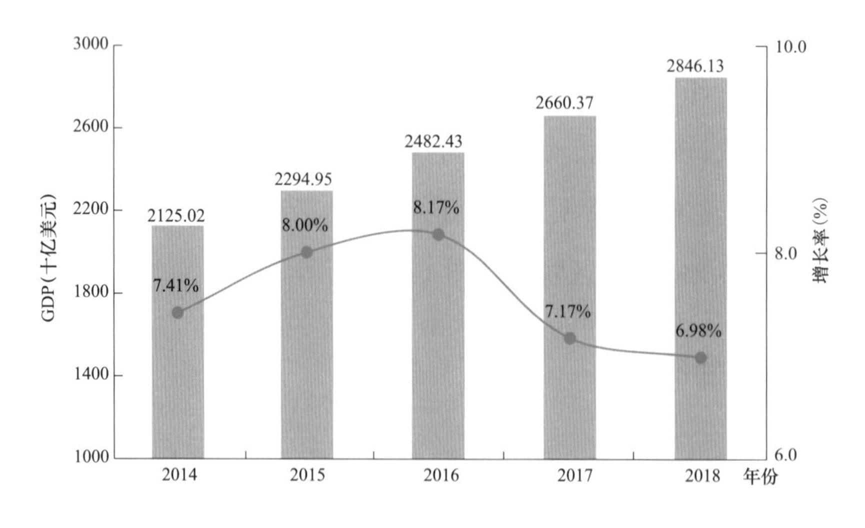

图 1-30 2014—2018 年印度 GDP 及其增长率（以 2010 年不变价美元计）

数据来源：WorldBank。

印度经济发展带动能源消费快速增长，能源强度保持下降趋势。近年来，印度能源需求仍保持较快增长，2018 年能源消费总量为 929.5Mtoe，同比增长 3.7%。印度人口约占世界总人口的 1/5，但能源消费仅占全世界的 1/15，人均能源消费水平较低，2018 年为 0.7toe。印度大力发展可再生能源，能源结构不断改善，2018 财年[1]能源强度降至 0.095kgoe/美元（2015 年价）。2014—2018 年印度能源消费总量、强度情况如图 1-31 所示。

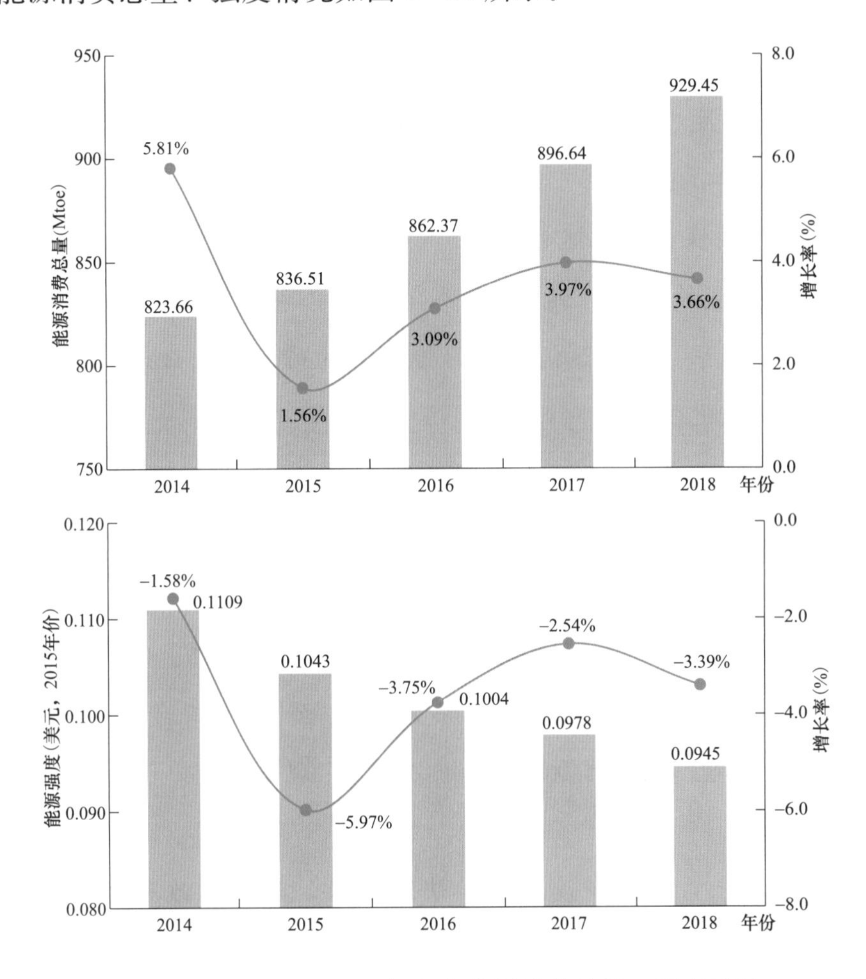

图 1-31　2014—2018 年印度能源消费总量、强度情况

数据来源：Energy Statistical Yearbook 2019。

[1] 印度的一个财年为当年 4 月 1 日至次年 3 月 31 日。

1.5.2 能源电力政策

（1）推进能源转型。2018 年，印度通过《国家能源政策》法案（NEP），概述了印度整个国家能源体系的发展规划，为印度未来能源发展确定了方向。

延伸阅读——《国家能源政策》政策要点

该政策由印度“国家改革智库”（National Institute for Transforming India）机构起草，主要侧重于两个时间范围：近期到 2022 年，中期到 2040 年，着重关注 4 个关键领域：

1）价格合理的电力：到 2022 年全国通电率达到 100%，并保证 7×24h 供电。2017 年，仍有 5 亿人依赖传统生物质做饭。该政策旨在促进烹饪电气化和清洁化。

2）提高安全性和独立性：改善国家能源安全，通过降低一次能源（主要是石油和天然气等）的进口份额以及能源结构多样化来实现。

3）更强的可持续性：强调要加强应对气候变化。2017 年，大约 90%的商业一次能源供应来自化石燃料，而其中相当一部分是进口的。因此，该政策强调脱碳，并以此实现能源安全和可持续性目标。

4）经济增长：随着印度经济的快速增长，其能源政策必须适应并支持其进一步发展。例如，确保有竞争力的电力供应价格和能源基础建设的快速发展，使其成为吸引外国投资的有效着力点。

（2）推动新能源汽车产业的发展。为遏制环境污染，摆脱对化石燃料的依赖，印度政府采取了一系列措施推动国内新能源汽车产业的发展。2018 年 3

月，印度政府正式启动国家电动交通计划，定于2030年前实现100%的电动交通。

延伸阅读——印度推动国家电动交通计划的措施

为实现国家电动交通计划的目标，印度自2018年以来采取了一系列措施推动本国电动交通的发展，这些举措来自许多部门，如道路运输和公路部、重工业部、工业政策和促进部、财政部、住房和城市事务部、电力部和新能源与可再生能源部等。同时，德里、喀拉拉邦、马哈拉施特拉邦、卡纳塔克邦等几个州邦也制定了自己的电动汽车政策，其他州邦也在陆续跟进。以下列出了印度实施电动交通的几大政策举措：

1）“印度第二阶段电动车采购和制造提速”计划（FAME II）。印度政府内阁批准了关于实施FAME II的计划提案，总预算约为14亿美元。该计划自2019年4月1日起生效，预计将持续3年。其将对适用于公共交通工具或商业用途的三轮和四轮电动车（e-3W和e-4W）予以补贴。

2）示范建筑法（MBBL）。2019年2月，印度住房部和城市事务部发布了MBBL修正案，为住宅和其他建筑（包括集体住房建筑）提供电动汽车充电基础设施。根据修订案，印度将依托公路网络修建电动汽车的充电基础设施，在高速公路以及普通公路两侧，每25km应设立一个公共充电站。

3）充电站指南。印度电力部宣布了印度电动汽车充电基础设施发展指导方针。根据该文件，在住宅及办公室等私人场所向电动汽车充电站供电的电费不会超过平均供电成本的115%。任何充电站均可以通过开放式访问协议从任意一家公司获得电力。

4）免除经营许可证。电力部发布声明，在印度运营电动汽车充电站无须许可证。政府将电动汽车充电站视为服务而非电力销售。

5）分阶段制造计划。为促进国内电动汽车制造，印度政府提出了分阶段制造路线图，以在该国建立制造业生态系统。

6）合理化征税。印度政府已将进口电动汽车零部件的关税降至10%～15%。进口组装好的电动汽车组件关税由15%～30%降至15%；锂离子电池的商品和服务税率从28%降至18%。

7）颁发绿色车牌。印度道路运输和公路部宣布，私营和商业电动车将获得绿色车牌。

8）免除运输许可。印度道路运输和公路部宣布，所有使用电池供电、乙醇供电和甲醇驱动的运输车辆将被免除许可证的要求。

9）补贴新能源汽车销售。2019 年 2 月，印度内阁批准一项 14 亿美元的计划，用以补贴电动和混合动力汽车的销售。根据该计划，补贴将依据汽车的电池容量提供，范围涵盖成本低于 150 万印度卢比（约合 14.8 万人民币）的公共汽车、轿车、三轮车和摩托车。

（3）太阳能推广计划。2019 年 2 月，由总理莫迪担任主席的内阁经济事务委员会（CCEA）批准了到 2022 年总额超过 4600 亿卢比（64.8 亿美元）的财政支持，以促进农业太阳能和屋顶太阳能计划。

延伸阅读——印度太阳能推广计划介绍

印度的太阳能推广计划主要可以分为住宅屋顶太阳能计划以及农业太阳能计划。

1）屋顶太阳能计划是指政府将对安装在住宅屋顶的太阳能系统提供补贴。根据计划，安装住宅光伏系统将会得到来自政府的资金补贴。该计划已经获得了 1181.4 亿卢比的财政支持，印度计划到 2022 年实现 4000 万 kW 的屋顶太阳能装机容量，占该国1亿kW太阳能总装机目标的40%。

对于3kW规模以下的系统，政府将提供高达40%的补贴资金；对于规模在3～10kW之间的系统，政府将向集体住房协会和住宅福利协会提供20%的资金补贴，用于相应系统的安装。每个协会的补贴容量上限为500kW。

2）中央政府对KUSUM农业太阳能计划提供高达3442.2亿卢比的财政支持。通过该政策，政府计划到2022年通过推广安装总容量1000万kW的“分布式地面光伏”、并网可再生能源电厂及部署175万个独立太阳能农业泵等措施，实现新增太阳能发电量2575万kW的目标。

除此之外，中央政府将向农民提供太阳能农业泵基准成本或投标成本（以较低者为准）的30%作为补贴。印度各邦政府也将提供30%的补贴资金，其余40%由农民自负。

（4）加快新能源项目建设。2018年12月，印度新能源与可再生能源部（MNRE）宣布，到2020年3月将竞拍6000万kW太阳能发电容量和2000万kW风能发电能力。

延伸阅读——印度可再生能源发展现状

近年来，印度不断加大在可再生能源领域的投入，其在太阳能及风能等领域发展迅速。截至2018年10月底，印度可再生能源装机容量达到7335万kW。其中，3498万kW为风能，2433万kW为太阳能，450万kW为小型水电，954万kW为生物能。此外，还有4675万kW容量的项目已经中标，正处在安装过程中。

根据巴黎气候协定，印度承诺到2030年，其国内能源部门40%的装机容量将以清洁能源为基础，并确定到2022年将安装1.75亿kW可再生能源容量。其中包括太阳能1亿kW、风能6000万kW、生物能1000万kW和小型水电500万kW。

印度在可再生能源总装机容量方面排名全球第五，风电排名第四，太阳能发电排名第五。2017年5月印度太阳能公司（SECI）进行逆向拍卖，印度制定有史以来最低的太阳能电价：20万kW的项目2.44卢比/（kW·h）；而2018年7月60万kW项目采用了同样的价格。在2017年12月古吉拉特邦政府对50万kW项目的招标中，创造了有史以来最低的2.43卢比/（kW·h）的风电电价。

1.5.3 电力供需情况

（一）电力供应

印度装机容量保持增长，但增速连续3年下降，可再生能源成为最大增长动力。2018财年，印度电力总装机容量达到3.56亿kW，同比增长3.52%，增速较2017财年下降1.73个百分点，且自2016财年起增速已经持续3年下降。分类型看，可再生能源成为最大增长动力，新增装机容量861.9万kW，同比增长12.49%，占比提高至21.8%。煤电装机容量增长353.3万kW，同比增长1.79%，占比下降至56.36%。2014—2018年印度电源结构如图1-32所示。

印度发电量持续上涨，近5年增速保持在5%以上，可再生能源发电占比快速提升。2018财年，印度发电量为13 715.17亿kW·h，同比增长5.33%。其中火电机组仍是最大发电量来源，同比增长3.45%，在总发电量中占比78.16%；可再生能源发电量同比增长24.48%，近3年增速均在24%左右，成

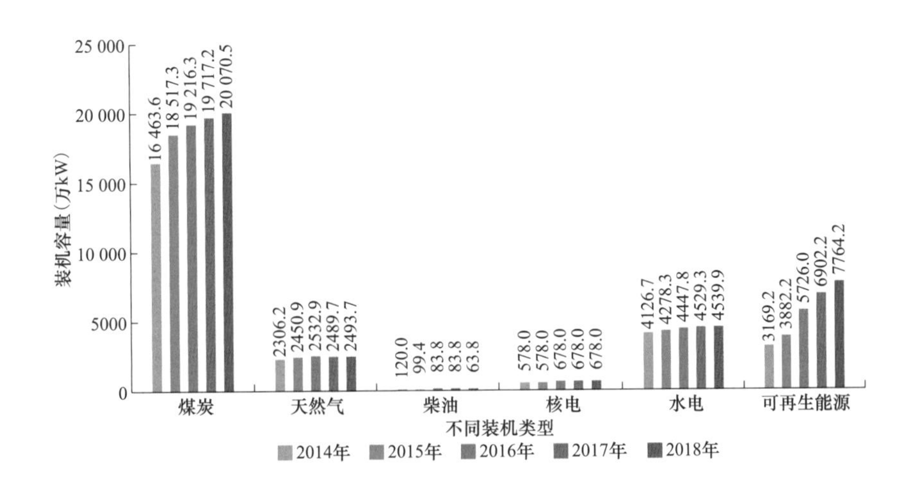

图 1-32　2014—2018 年印度电源结构

数据来源：Government of India Ministry of Power。

为发电量增长最大来源，发电量占比达到 9.24%。与 2017 年相比，水电发电量同比上升，核电发电量小幅下降，占比分别为 9.85%、2.75%。2014—2018 年印度不同类型装机发电量如图 1-33 所示。

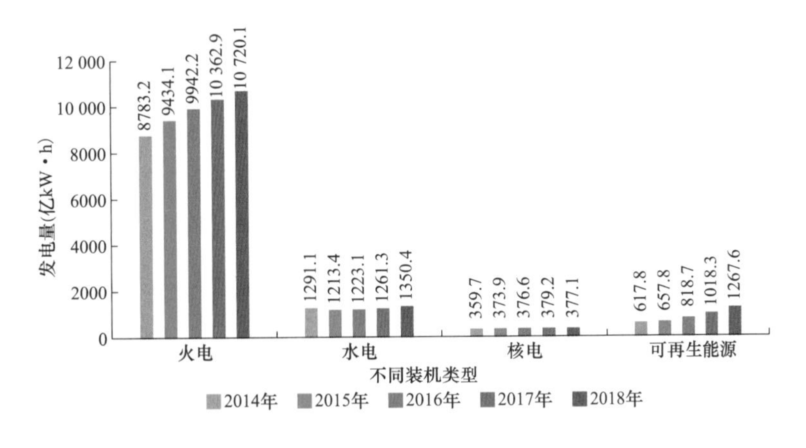

图 1-33　2014—2018 年印度不同类型装机发电量

（二）电力消费

印度用电量增速保持高位，电气化水平持续提升。2018 财年，印度全社会用电量达到 12 672 亿 kW·h，同比增长 5.19%，较上年降低 1 个百分点，但仍然高于印度的能源消费增速。分地区看，北部和东北部电网用电量增速分别为

3.32%和1.78%，且供电缺口较大，分别有1.4%和2.8%的用电需求没有得到满足，其余地区电力消费增速均高于全国平均水平。2014—2018年印度用电量如图1-34所示。

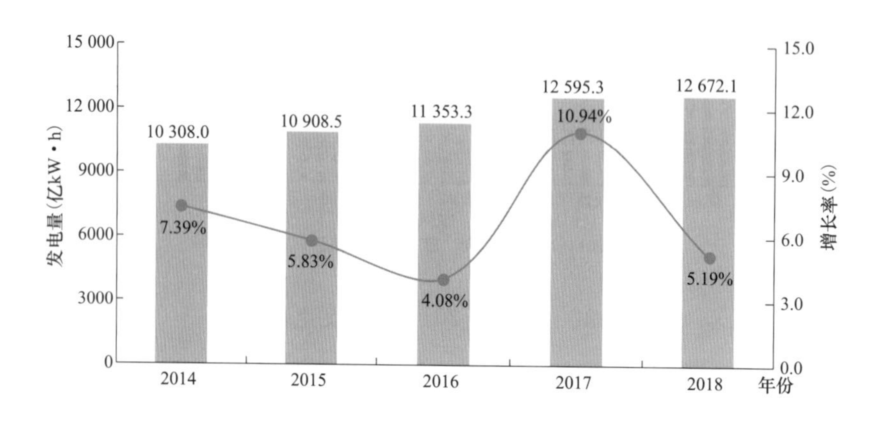

图1-34　2014—2018年印度用电量

印度电网最大用电负荷激增，供需矛盾依然突出。2018财年，印度电网最大用电负荷达17 702.2万kW，同比增长7.9%，比上年提高5个百分点。北部地区电网负荷最大，达6316.6万kW。西部、东部、东北部地区负荷增长较快，增速在12%以上。2014—2018年印度电网最大用电负荷如图1-35所示。

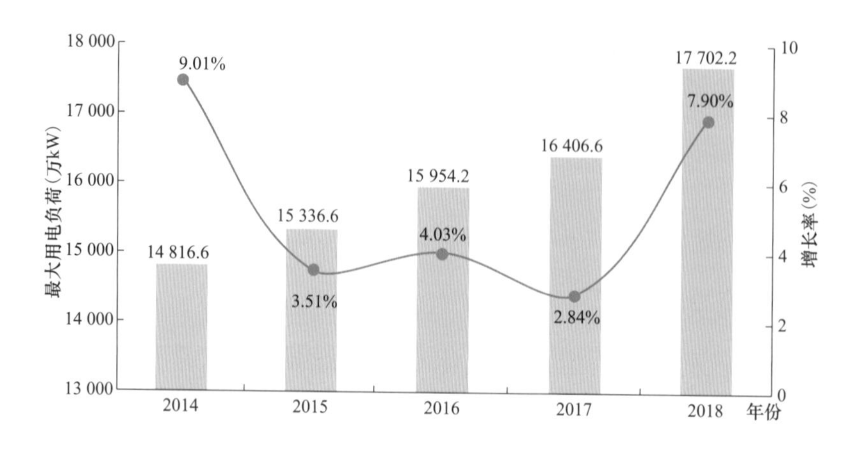

图1-35　2014—2018年印度电网最大用电负荷

1.5.4 电网发展水平

（一）电网规模

印度输电线路规模和变电容量保持增长，增速有所下降。截至2019年3月底，印度220kV及以上输电线路规模达到41.3万km，同比增长5.74%，低于近五年平均增速6.38%。其中765kV线路增长最快，同比增长19.25%；直流线路连续两年规模保持不变。220kV及以上变电容量为89.97万MV•A，同比增长8.79%，低于近五年平均增速10.18%，但是较线路增速快3个百分点。其中765kV变电容量增长最快，同比增长11.02%；400kV次之，同比增长10.81%；直流换流容量保持不变。2014—2018财年印度电网220kV及以上输电线路回路长度和变电容量如表1-14和表1-15所示。

表1-14　2014—2018财年印度电网220kV及以上输电线路回路长度　km

线路长度	2014财年	2015财年	2016财年	2017财年	2018财年
765kV	18 644	24 245	31 240	35 059	41 809
400kV	135 949	147 130	157 787	171 600	180 746
220kV	149 412	157 238	163 268	168 755	175 296
直流	9432	12 938	15 556	15 556	15 556
总计	313 437	341 551	367 851	390 970	413 407

表1-15　2014—2018财年印度电网220kV及以上变电容量　MV•A

变电容量	2014财年	2015财年	2016财年	2017财年	2018财年
765kV	121 500	141 000	167 500	190 500	211 500
400kV	192 422	209 467	240 807	282 622	313 182
220kV	268 678	293 482	312 958	331 336	352 481

续表

变电容量	2014 财年	2015 财年	2016 财年	2017 财年	2018 财年
直流	13 500	15 000	19 500	22 500	22 500
总计	596 100	658 949	740 765	826 958	899 663

（二）网架结构

多条跨区域输电线路投产，跨区输送容量稳步提升。2018 财年印度跨区输送容量同比增长 14.6%，达到 99.1GW。其中，西部与北部跨区输送容量最大，为 29.5GW；东部与西部输送容量增长最快，同比增加了 65.7%。根据规划，预计到 2021 财年，跨区输电容量将在 2018 财年基础上进一步增长 19.2%，达到 118.1GW。2014—2018 财年印度区域电网间传输容量如表 1-16 所示。

表 1-16　2014—2018 财年印度区域电网间传输容量　万 kW

跨区输电通道	2014 财年	2015 财年	2016 财年	2017 财年	2018 财年	预计到 2021 财年
东部-北部	1423	1583	1953	2253	2253	2253
东部-西部	1069	1279	1279	1279	2119	2119
东部-南部	363	363	783	783	783	783
东部-东北部	286	286	286	286	286	286
西部-北部	872	1292	1542	2532	2952	3672
西部-南部	572	792	1212	1212	1212	2392
北部-东北部	0	0	150	300	300	300
总计	4645	5805	7505	8645	9905	11 805

数据来源：Annual Report 2018—2019，Ministry of Power。

印度与周边国家电网互联互通进一步增强，跨国电网互联程度较高。印度位于南亚地区的中心位置，与尼泊尔、不丹、孟加拉国、巴基斯坦等南亚国家接壤，与斯里兰卡隔海相望。目前，印度已经与其中大多国家建成了跨国输电线路，在促进地区资源优化配置方面发挥着重要作用。印度与邻国电网互联的具体情况如表 1 - 17 所示。

表 1 - 17 印度与邻国电网互联的具体情况

地 区	互 联 情 况
印度 - 尼泊尔	印度与尼泊尔通过多条 11、33、132kV 和 220kV 线路互联。其中比较重要的输电线路有 Muzaffarpur（印度）至 Dhalkebar（尼泊尔）的 400 kV 线路（降压至 220kV 运行），传输容量约为 55 万 kW。目前，印度与尼泊尔之间传输总容量为 95 万 kW
印度 - 不丹	印度与不丹通过多条 400、220kV 和 132kV 线路互联，两条 400kV 跨国输电线路仍在建设中，建成后印度与不丹之间的传输容量将从目前的 135 万 kW 提升至 425 万 kW
印度 - 孟加拉国	目前，印度和孟加拉国之间的传输容量约为 120 万 kW，互联线路包括 Baharampur（印度）至 Bheramara（孟加拉国）的 400kV 线路和 Surajmaninagar（印度）至 Comila（孟加拉国）的 400kV 线路（降压至 132kV 运行）。目前，有两条 400kV 输电线路在建，预计将印度和孟加拉国之间的传输容量提升至 154 万 kW
印度 - 斯里兰卡	印度与斯里兰卡正在就建设 2×50 万 kW 跨海双极高压直流输电线路进行可行性研究

（三）运行交易

印度跨区输送电量规模持续扩大，跨区输电通道利用率仍有提升空间。2018 财年，印度五大区域电网间跨区输送电量达到 1817.4 亿 kW•h，同比增长 21.1%，近五年均保持高速增长，平均增速 20.9%。北部电网和南部电网为受电区域，2018 财年分别净受电 667.7 亿 kW•h 和 434.9 亿 kW•h。西部电网和东部电网为送电区域，2018 财年分别净送电 759.7 亿 kW•h 和 342.9 亿 kW•h。东北部电网外送电量和输入电量基本平衡。结合各区域电网间输电通道容量，印度跨区输电通道的平均利用率为 20.9%。其中东部 - 南部，西部 - 北部输电通道利用率较高，分别为 39.3%和 30%；东部 - 西部和北部 - 东北部输电通道利用率较低，分别为 8.5%各 6.5%。2014—2018 财年印度区域间传输电量如表 1 - 18 所示。

表 1 - 18　　2014—2018 财年印度区域间传输电量　　亿 kW·h

传输方向	2014 财年	2015 财年	2016 财年	2017 财年	2018 财年
西部 - 北部	299.1	466.2	496.0	504.8	615.3
东部 - 北部	129.1	139.1	212.0	200.1	219.3
东北部 - 北部	—	4.0	27.8	35.1	30.4
北部 - 西部	49.8	34.4	37.9	77.9	160.5
北部 - 东部	13.6	21.0	26.6	20.1	19.9
北部 - 东北部	—	7.7	12.9	7.2	17.0
西部 - 东部	19.9	35.5	54.1	99.2	148.4
东部 - 西部	31.8	53.9	50.6	12.5	9.1
东部 - 东北部	25.6	19.1	27.4	43.1	28.5
东北部 - 东部	2.7	8.2	9.5	6.3	15.0
东部 - 南部	210.8	220.2	200.2	244.4	269.3
南部 - 东部	0.0	0.0	0.0	0.0	0.0
西部 - 南部	106.8	159.3	224.9	222.8	225.1
南部 - 西部	3.1	1.6	1.0	27.0	59.5
总计	892.3	1170.2	1380.9	1500.5	1817.4

印度出口电量规模持续扩大，连续三年实现电力净出口。印度常年从不丹进口水电，同时向尼泊尔、孟加拉国和缅甸出口电力。自 2016 财年首次实现电力净出口以来，出口规模持续增加，2018 财年达到38.4kW·h，同比增长 141.5%。其中，从不丹进口电力同比下降 16.9%，向尼泊尔和孟加拉国出口电力分别同比增长 17.2%和 18.3%。随着电力装机规模不断增长和结构不断优化，印度凭借优势位置，将在南亚跨境电力贸易中扮演更加重要的角色。2014—2018 财年印度与周边国家电力贸易规模如表

1－19所示。

表 1－19　2014—2018 财年印度与周边国家电力贸易规模　亿 kW·h

国　家	2014 财年	2015 财年	2016 财年	2017 财年	2018 财年
不丹	51.1	55.6	58.6	56.1	46.6
尼泊尔	－10.0	－14.7	－20.2	－23.9	－28.0
孟加拉国	－32.7	－36.5	－44.2	－48.1	－56.9
缅甸	—	—	0.0	－0.1	－0.1
总计	8.4	4.3	－5.8	－15.9	－38.4

（四）储能

印度的储能市场持续增长，据预测电池储能的市场规模将在 2024 年超过 90 亿美元，复合年均增长率达到 34%。2019 年 2 月，由印度 AES 公司和日本三菱公司共同建设，印度塔塔电力德里输配电公司（Tata Power－DDL）负责运营的印度首个 1 万 kW 级电网侧电池储能系统投入运行，有效解决峰值负载管理、系统灵活性、频率调节和供电可靠性等问题，为在全国范围内推广电网侧储能系统起到良好示范作用。2019 年 3 月，印度提出计划投资约 40 亿美元建设至少 4 家特斯拉式的超级工厂（Gigafactory）用来制造储能电池，旨在帮助印度推动电动汽车的生产、研发和应用，以减少印度的环境污染和对进口石油的依赖。根据印度联邦政策智库 NITI Aayog 的保守估计，印度到 2025 年和 2030 年将分别需要 6 个和 12 个 10GW·h 级别生产规模的化学电池生产基地，以支撑印度电动汽车和储能系统的发展。

1.6 非洲电网

非洲国家的电力系统整体较为薄弱，电力可及率低，但近年来发展十分迅速。北非已实现同步互联，并与欧洲西部同步联网，南部非洲各国也基本实现互联。除南非最高电压等级为765kV外，其余各国骨干电网电压等级普遍以220、400kV为主。非洲已经成立五大区域电力池，包括北部非洲电力联合体（COMELEC）、东部非洲电力联合体（EAPP）、西部非洲电力联合体（WAPP）、中部非洲电力联合体（CAPP）和南部非洲电力联合体（SAPP）。目前，跨国联网总体较为薄弱，电压等级低，跨国电力交易集中在各电力池内部且交易规模很小，但近年来发展速度一再提高。各区域分布如图1-36所示。

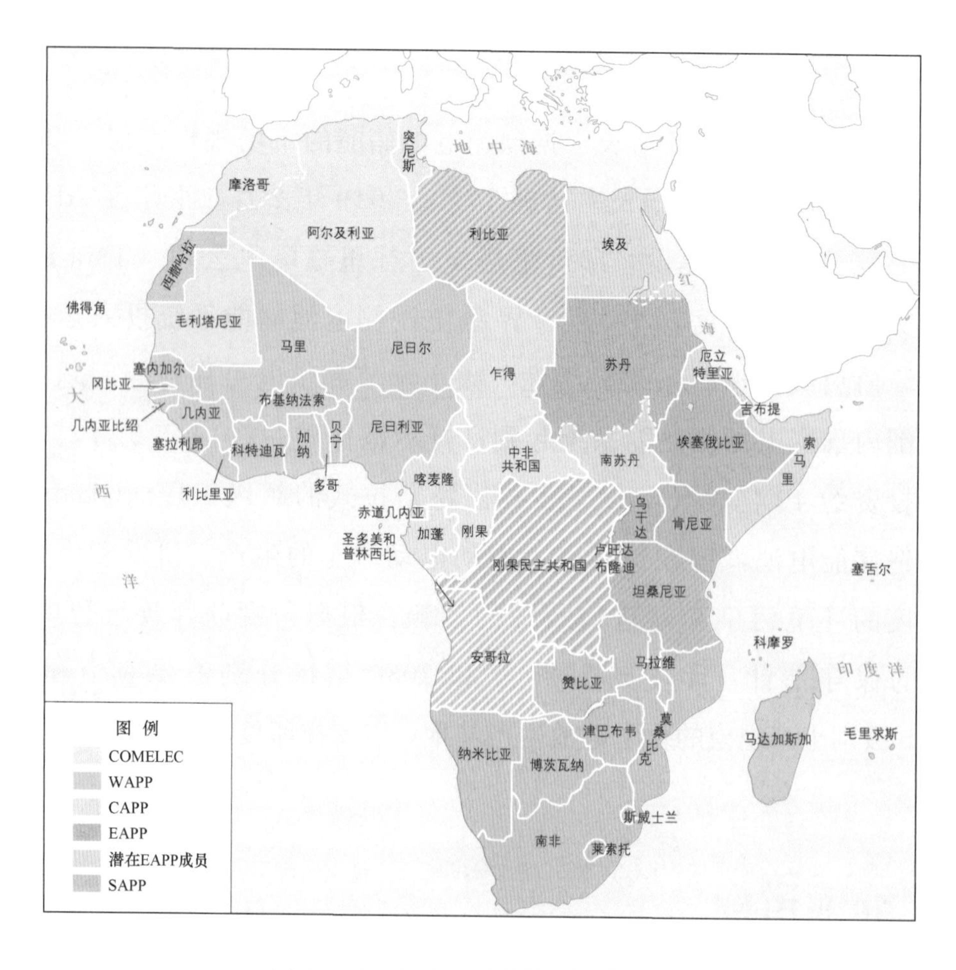

图1-36 非洲各电网组织区域分布

1.6.1 经济社会概况

非洲经济继续保持增长态势，东非依旧是非洲增长最快的地区。2018年，非洲GDP接近2.5万亿美元，同比增长2.9%。利比亚、几内亚和科特迪瓦是非洲经济增长最快的国家，增速分别为7.8%、8.7%和7.4%，贝宁、埃塞俄比亚、塞内加尔紧随其后。尼日利亚、南非两国经济继续回暖，分别增长1.9%和0.6%。2014—2018年非洲GDP及其增长率如图1-37所示。

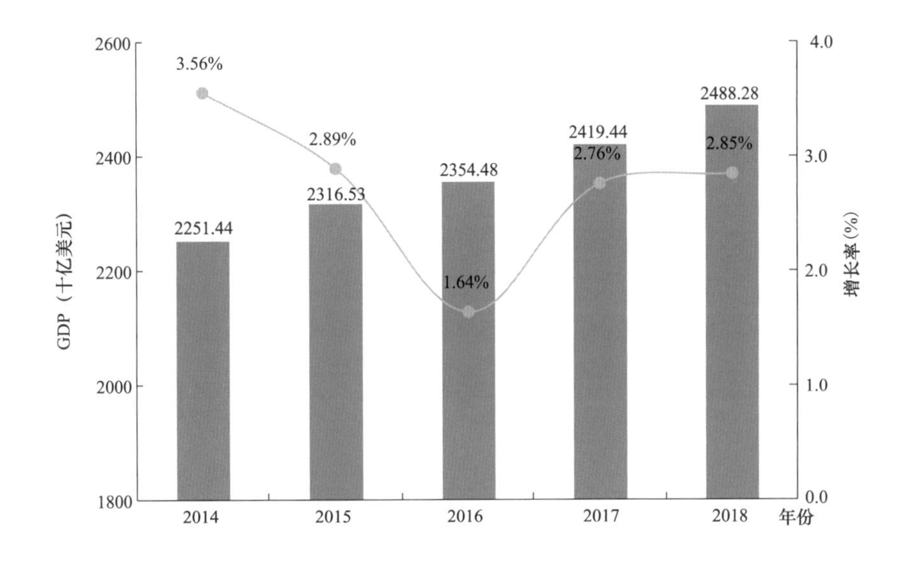

图1-37　2014—2018年非洲GDP及其增长率（以2010年不变价美元计）

数据来源：World Bank。

经济持续增长推动非洲地区能源消费总量快速提高，能源强度略有上升。2018年，非洲能源消费总量为850.1Mtoe，同比提高4.9%，能源强度回升至0.1352kgoe/美元（2015年价），同比增长1.53%，人均能源消费2.93toe，比上年提升2.09%。2014—2018年非洲地区能源消费总量、强度情况如图1-38所示。

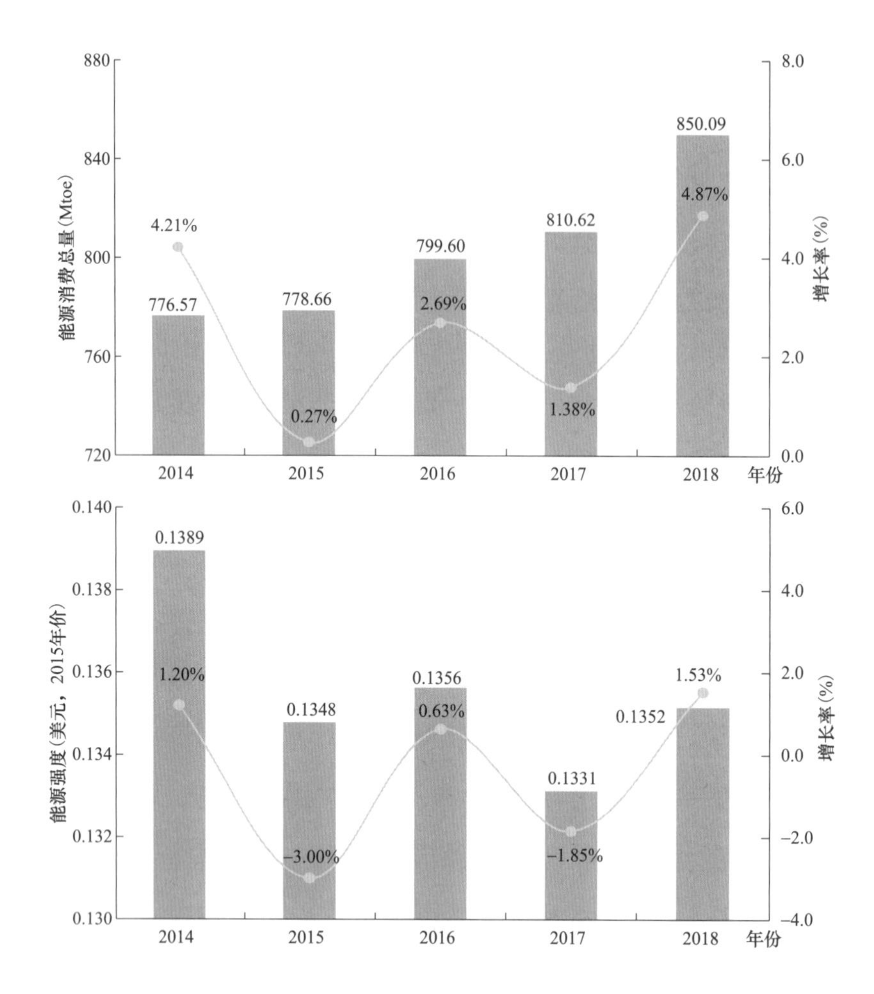

图 1-38　2014—2018 年非洲地区能源消费总量、强度情况

数据来源：Energy Statistical Yearbook 2019。

1.6.2　能源电力政策

(1) 大力发展新能源。2018 年 4 月，南非能源部签署了 27 个可再生能源项目的采购协议，在未来五年内总计将投入 560 亿欧元新建约 230 万 kW 的发电机组。2018 年 11 月，南非议会能源结构委员会（PCE）正式通过 2018 年综合资源计划（IRP）草案，着重发展光伏、风电等新能源项目，在确保能源供应安全的同时，最大限度降低供应成本、用水量和环境影响。

（2）实践小型网格供电。尼日利亚计划实施 10 000 个离网型小型网格电网，以实现在撒哈拉以南非洲国家许多农村地区供电，同时也将帮助南非各国实现“巴黎协定”下的总体发展目标。

延伸阅读——小型网格电网

向农村人口提供电力可以采取三种形式：电网扩张、独立太阳能系统和迷你网格。

电网扩张是将国家电网扩展到无法接入的家庭和社区。在连接居住在靠近电网的大型人口稠密社区时，扩张电网具有成本效益，但当人口密度下降时，扩建成本呈指数增长。

对于那些生活在最偏远地区的人来说，独立于电网运行的独立太阳能系统可以满足电力需求，如电话充电和照明，但无法满足如供电机械和农业设备等大型电力负荷。

小型网格供电是独立的、分散的电力网络，可以与国家电网分开运作。当人口太小或太远而无法进行电网扩建时，或独立的太阳能系统无法满足更大的电力需求，小型电网可以以较低的成本满足供电需求。

1.6.3 电力供需情况

（一）电力供应

非洲电源装机容量较少，增长空间很大。2018 年，非洲电源总装机容量约为 1.65 亿 kW，人均装机容量约为 0.12kW，仍远低于世界平均水平。其中水电装机容量占比 16.7%，火电装机容量占比 79.2%，风、光、生物质、地热等可再生能源装机容量占比约为 3%，核电装机容量占比约为 1.1%。2014—2018 年非洲地区电源结构如图 1 - 39 所示。

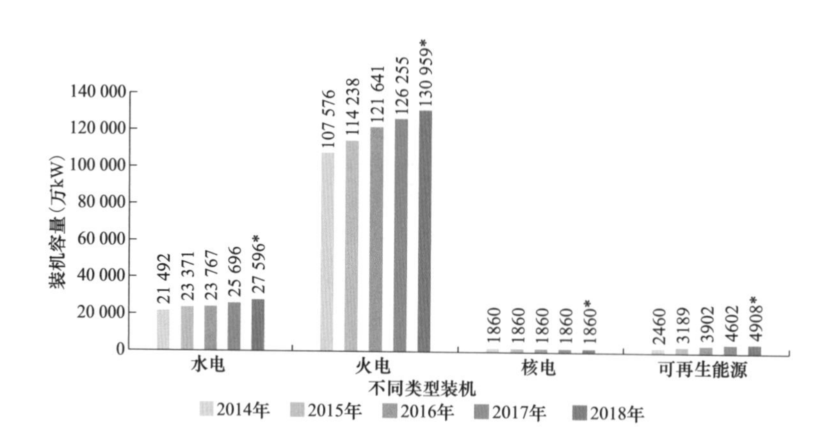

图 1-39　2014—2018 年非洲地区电源结构

*　表示估计值。

非洲发电量保持稳步增长，生物质能发电量增幅较大，南部和北部占比较大。2018 年，非洲发电量为 8554.5 亿 kW·h，同比增长 2.4%。火电和水电占比较大，分别占 79.8%和 15.0%；可再生能源发电量同比增长 0.3%，其中生物质能发电量增长较快，同比增长 4.5%，主要分布于南部和东部非洲。新增发电量中同样以火电和水电为主，新能源占比超过 2.8%。北部和南部非洲发电量占比分别为 43.3%和 37.5%，中部非洲占比仅为 4.5%。2014—2018 年非洲地区不同类型装机发电量如图 1-40 所示。

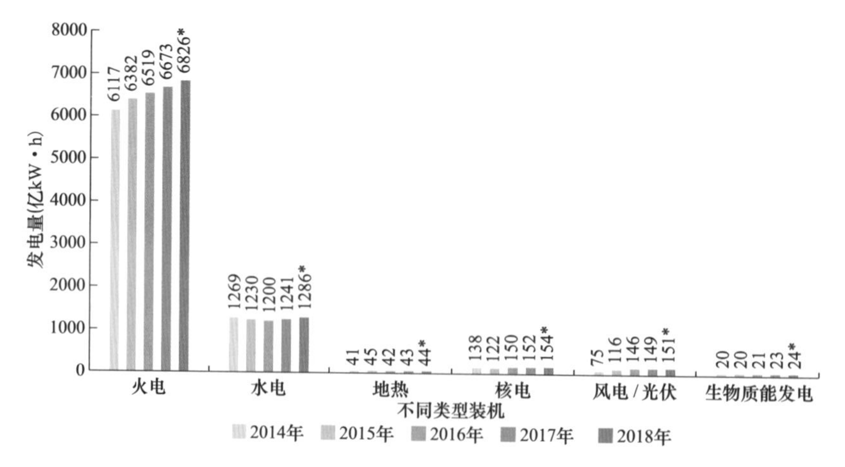

图 1-40　2014—2018 年非洲地区不同类型装机发电量

*　表示估计值。

非洲中部和东部以水电为主，西部、北部和南部以火电为主。2018 年，非洲中部发电量中水电比重超过 66%，其余基本为火电，而西部发电结构与中部正好相反；东部除水电和火电外，有大量发电量来自地热，占比达 8.4%；北部火电占比达到 93.9%；南部火电发电量占比接近八成，位于南非的核电发电量占本区域发电量的 4.8%。

（二）电力消费

非洲用电量继续保持平稳增长，北部非洲增速最快。2018 年，非洲用电量为 6690 亿 kW•h，同比增长 3.3%，较上年提高 0.2 个百分点。用电量集中于北部和南部非洲，占比分别为 44.4%和 37.5%，西部、东部和中非非洲用电量占比分别为 8.4%、5.9%和 3.8%。摩洛哥用电量猛增，带动北部非洲用电量增长 4.0%；喀麦隆和佛得角用电量增长较快，增速分别为 4.4%和 4.7%。2014—2018 年非洲各地区用电量如图 1-41 所示。

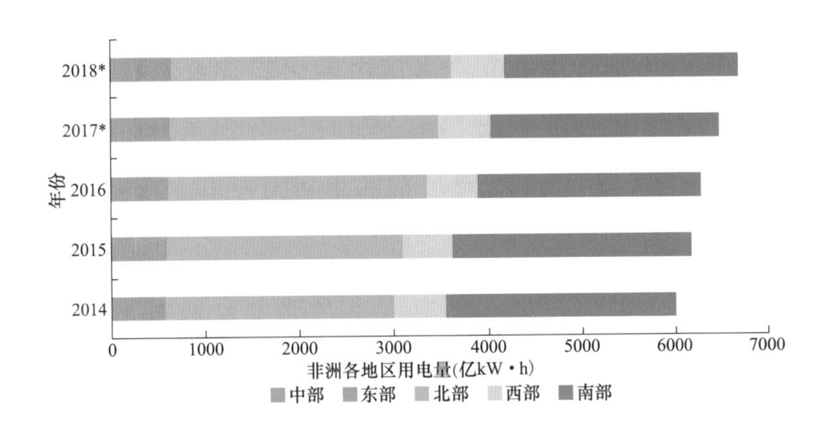

图 1-41　2014—2018 年非洲各地区用电量

*　表示该年份用电量为估计值。

南非和埃及是非洲的主要用电中心。2018 年，南非用电量为 1965.7 亿 kW•h，占非洲总量的 29.4%；埃及用电量为 1751.2 亿 kW•h，占非洲总量的 26.2%。其他用电量较多的国家包括阿尔及利亚、摩洛哥和尼日利亚，用电量分别为 547.3 亿、351.9 亿和 265.4 亿 kW•h。

1.6.4 电网发展水平

（一）联网现状

（1）北部非洲电力池。北部非洲电网已通过400/500kV交流实现内部互联，并与欧洲和西亚联网。摩洛哥与阿尔及利亚通过2回400kV和2回225kV线路互联；阿尔及利亚与突尼斯通过2回90kV、1回400kV和1回150kV线路互联；突尼斯与利比亚通过3回225kV线路互联；利比亚与埃及通过1回225kV线路互联。跨洲联网方面，摩洛哥与西班牙通过2回400kV交流互联，埃及与约旦通过一回400kV交流互联。

（2）西部非洲电力池。西部非洲电网互联较弱。塞内加尔、马里、布基纳法索、科特迪瓦、加纳和北部非洲国家毛里塔尼亚通过1回225kV线路相联；加纳、多哥和贝宁通过1回161kV线路相联；尼日尔和尼日利亚通过1回132kV线路相联；加纳、多哥、贝宁和尼日利亚通过1回330kV线路相联。

（3）中部非洲电力池。中部非洲各国电网之间基本没有互联，刚果（金）与安哥拉、刚果（布）以及非洲南部国家赞比亚分别通过1条220kV线路连接，刚果（金）东部有一小片配电网与东部非洲国家卢旺达和布隆迪相联，组成孤立运行的小区域电网。

（4）东部非洲电力池。东部非洲电网主网架主要采用400/220kV电压等级，区内形成北、东、西三个同步电网。北部为苏丹吉布提－埃塞俄比亚电网，东部为乌干达－肯尼亚－坦桑尼亚电网，西部为卢旺达－布隆迪－刚果（金）电网。

（5）南部非洲电力池。南部非洲电网发展非常不均衡，南非是整个地区最发达的国家，用电需求占比高达80%，其余国家电力基础设施薄弱，电力普及率低。除安哥拉、马拉维外，各国之间基本实现了132～400kV交流联网。莫桑比克和南非间新建±533kV直流线路联通；纳米比亚和南非间、津巴布韦与博茨瓦纳和南非间均通过500/400kV交流线路连接；以水电为主的北部地区和以火电为主的南部地区，通过132、220kV和400kV线路互联。

（二）电力交易

受互联程度低等因素约束，非洲电力贸易总量较小。2018年，非洲电力交换电量为331.4亿kW•h，为发电量的3.9%，同比增长36.7%。南部非洲电力交换量最大，为188.5亿kW•h；其次为北部非洲和西部非洲，交换电量分别为74.4亿kW•h和51.8亿kW•h。东部非洲电力交换量极小，仅为8.1亿kW•h。电力进口量最大的国家为莫桑比克，2018年进口电量达到101.2亿kW•h。

1.7 小结

国外主要经济体经济增速总体回升，其中北美进一步提升，欧洲和日本正在缓慢走向复苏，非洲继续保持增长趋势，巴西摆脱衰退但增速较缓，印度继续回落。2018年，北美经济表现超出预期，GDP增速在2.8%左右，较上年提高0.5个百分点。欧洲经济增速有所回落，但仍保持2.0%的增长势头。日本、巴西经济增速缓慢，分别为0.8%、1.1%。印度经济增速继续回落，但仍高达6.9%。非洲经济触底反弹，继续保持增长态势，增长2.9%，东非依旧是增长最快的地区。

发达国家和地区能源消费和经济发展呈现脱钩趋势，发展中国家能源消费总量和强度变化与经济状态关联密切。2018年，北美地区能源消费总量出现较快增长，上升3.5%，能源消费强度同样回升。欧洲、日本能源消费总量和能源强度双双下降，欧洲能源强度较上年降低3.2%，在全球各大洲中处于最低水平。巴西能源消费总量小幅提高，经济增速超过能源消费增速，能源强度持续下降。印度大力发展可再生能源，能源结构不断完善，受人口和城市化推进的影响，能源需求保持较快增长，比上年增长3.7%。非洲能源消费总量快速提高，能源强度保持稳定，比上年增长1.53%。

从电力供需看，各国家和地区聚焦能源转型、减排温室气体、大力发展清洁能源。电力供应方面，各国积极发展太阳能、风能、生物质能等可再生能源。北美总装机保持微增，但煤电装机加速退役，新能源装机比例大幅提高。欧洲、日本总装机量小幅增长，但增速较上年有所放缓，火电发电量首次回落。巴西新能源装机增长强劲，热电装机有所下降，电力装机向大规模清洁化发展。印度装机容量保持增长，可再生能源成为最大增长动力。电力消费方面，各国家和地区用电量继续保持增长态势，北美、欧洲、日本等发达国家用电量小幅上涨，用电负荷趋于稳定，印度和非洲用电量增速保持高位，印度最大用电负荷激增，供需矛盾突出。

从电网规模看，发达国家电网规模保持稳定，发展中国家持续增长。北美电网线路规模基本稳定，欧洲输电线路总规模小幅增长，相比上年输电线路总长度仅增加 0.19%，日本电网基础设施趋于成熟，电网规模小幅降低。印度输电线路规模和变电容量保持快速增长，增速为 5.7%，但低于近五年平均增速 6.38%。巴西电网规模小幅增长 3%，除 500kV 和 230kV 线路外，其他电压等级线路规模保持稳定。非洲国家电力系统薄弱，电力普及率较低，电网规模仍处于高速发展阶段。

从发展特点看，各国家和地区电网整体持续向网架结构优化、促进跨区交易、提升清洁消纳等方面发展。北美进/出口电量规模保持稳定，美国向墨西哥出口电量规模同比增加 16%。欧洲利比亚半岛互联和“波罗的海-欧洲大陆”同步联网取得进展，各国之间的电力交易规模达到 4349 亿 kW·h，占总发电量的 11.88%。日本电网新建工程中，200kV 以上跨区联络线长度占总新建架空输电线路长度的 65.5%。印度跨区输送容量增长 14.6%，达到 99.1GW，跨区输送电量达到 1817.4 亿 kW·h，同比增长 21.1%。巴西区域间电力交换规模达到 445.98 亿 kW·h，较 2011 年增长近一倍。非洲区域一体化进程加快，北非五国实现同步互联，与欧洲西部同步联网，南非各国也基本实现互联。

2

中国电网发展

中国大陆电网（简称“中国电网”）供电范围覆盖全国 22 个省、4 个直辖市和 5 个自治区，供电人口超过 14 亿，由国家电网有限公司、南方电网有限责任公司（简称南方电网公司）和内蒙古电力（集团）有限责任公司（简称“内蒙古电力公司”）[1] 3 个电网运营商运营。其中，国家电网有限公司经营区域覆盖 26 个省（自治区、直辖市），覆盖国土面积的 88%以上，供电人口超过 11 亿；南方电网公司经营区域覆盖云南、广西、广东、贵州、海南五省（区），覆盖国土面积 100 万 km^2，供电总人口 2.54 亿人，供电客户 8741 万户，同时兼具向中国香港、澳门送电的任务；内蒙古电力公司负责蒙西电网运营，供电区域 72 万 km^2，承担着内蒙古自治区 8 个盟市工农牧业生产及城乡 1429 万居民生活供电任务。蒙西电网和华北电网采用联合调度的方式，从调度关系上看，蒙西电网是华北电网的组成部分。本章针对中国电网的现状，从发展环境、投资造价、规模增长、网架变化、配网发展、运行交易、电网运营等方面进行分析，总结了 2018 年以来电网发展变化和发展重点，为分析电网下一步发展趋势提供基础支撑。

2018 年，中国电网事业继续发展。截至 2018 年底，220kV 及以上输电线路长度达 73.3 万 km，在运在建特高压线路长度达到 3.49 万 km、变电（换流）容量达到 3.61 亿 kV·A（kW），跨省跨区输电能力 2.1 亿 kW，累计输送电量 1.24 万亿 kW·h，成为世界上输电能力最强、新能源并网规模最大、安全运行记录最长的特大型电网。±1100kV 特高压直流输电工程成功投运，各区域电网网架结构持续优化。178 项“煤改电”配套工程和 44 项京津冀及周边地区、汾渭平原“煤改电”三年攻坚 35kV 及以上工程提前建成投产。落实“放管服”改革精神，优化 220kV 及以下电网审批权限。高度重视配电网发展，建成北京城市副中心世界一流高端智能配电网等 28 个世界一流配电网先行

[1] 由于内蒙古电力（集团）有限责任公司经营区电网数据收集困难等因素，在电网经营区层面的分析中暂不涉及。

示范区等。

2.1 电网发展环境

2.1.1 经济社会发展

2018 年，中国国民经济运行总体平稳、稳中有进，质量效益稳步提升。

2012—2018 年中国国内生产总值及增长率如图 2-1 所示。2018 年，中国 GDP 为 90.03 万亿元，稳居世界第二位；中国经济比上年增长 6.6%，对世界经济增长的贡献率接近 30%。分省来看，广东、江苏、山东、浙江、河南 5 省经济总量持续保持全国领先；贵州、西藏、云南、江西、陕西等中西部省（区）在经济增速上全国领先。

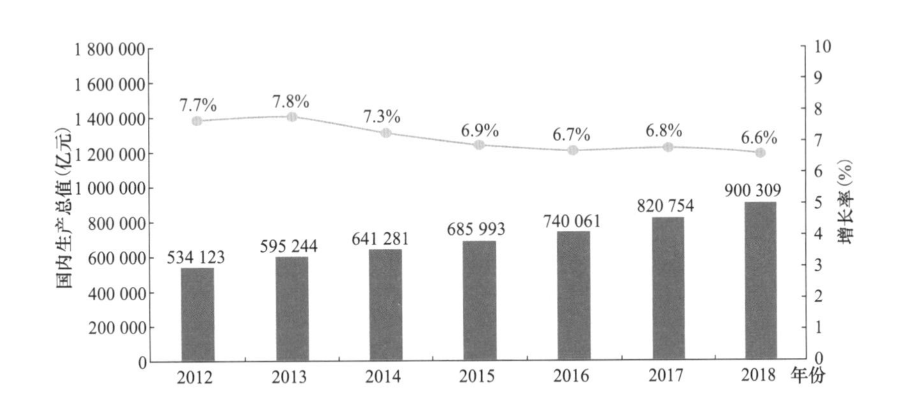

图 2-1 2012—2018 年中国国内生产总值及增长率

数据来源：国家统计局《中华人民共和国 2018 年国民经济和社会发展统计公报》。

能源消费总量持续增长，单位 GDP 能耗不断下降。2018 年，中国能源消费总量为 3164Mtoe，同比增长 3.7%，如图 2-2 所示；能源消费弹性系数仅 0.42。2018 年，中国单位 GDP 能耗为 0.131kgoe/美元（2015 年价），同比下降 2.7%，但仍高于世界平均水平约 15%，未来能源消费强度进一步下降空间巨大，如图 2-3 所示。

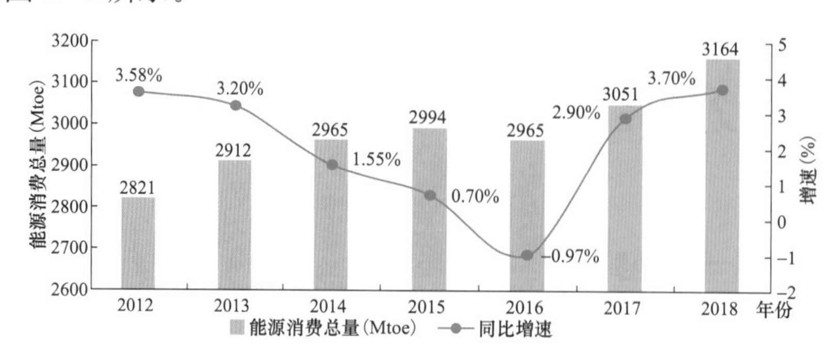

图 2-2　2012—2018 年中国能源消费总量及增速

数据来源：Energy Statistical Yearbook 2019。

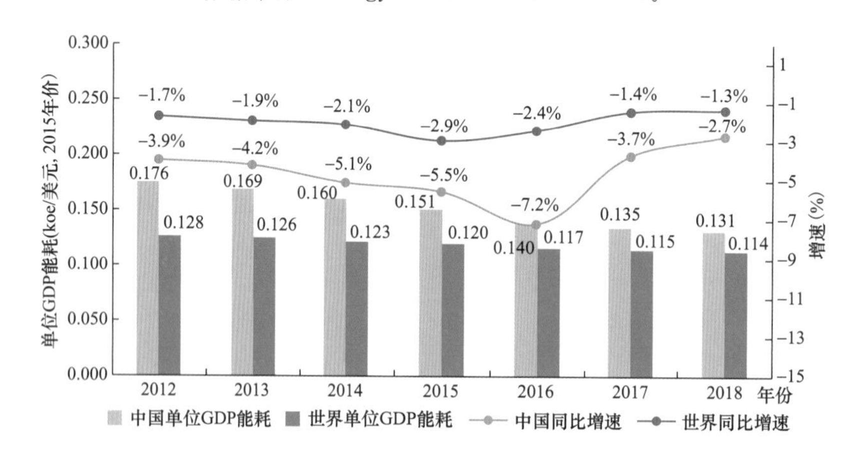

图 2-3　中国与世界能源消费强度情况

数据来源：Energy Statistical Yearbook 2019。

电能占终端能源消费比重持续提高。2018 年，中国全社会用电量为 68 449 亿 kW·h，同比增长 8.5%；电能占终端能源消费比重继续提高，达到 25.5%，同比提高 0.6 个百分点，如图 2-4 所示。

2.1.2　能源电力政策

（一）推进电力体制改革

（1）输配电价改革方面。

2018 年，国家深入开展了输配电、新能源上网电价、工商业电价等方面的

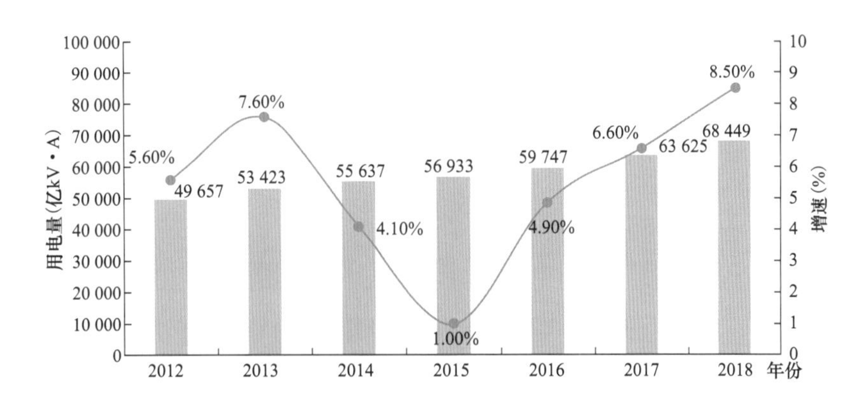

图 2-4　2012—2018 年中国用电量及增速

数据来源：中国能源局。

市场化改革，组织完成地方定价目录修订工作，平均缩减地方定价项目 30%。

2018 年 2 月，国家发展改革委发布《关于调整宁东直流等专项工程 2018—2019 年输电价格的通知》（发改价格〔2018〕225 号），调整宁东直流等专项工程首个监管周期（2018 年 1 月 1 日—2019 年 12 月 31 日）输电价格，执行单一制电量电价。

2018 年 2 月，国家发展改革委印发了《关于核定区域电网 2018—2019 年输电价格的通知》（发改价格〔2018〕224 号），规定了华北、华东、华中、东北、西北区域电网首个监管周期（2018 年 1 月 1 日—2019 年 12 月 31 日）两部制输电价格水平。

2018 年 3 月，国家发展改革委发布《关于降低一般工商业电价有关事项的通知》（发改价格〔2018〕500 号），为贯彻落实中央经济工作会议关于降低企业用能成本和《政府工作报告》关于降低一般工商业电价的要求，决定分两批实施降价措施，落实一般工商业电价平均下降 10%的目标要求，自 2018 年 4 月 1 日起执行。

2018 年 8 月，国家发展改革委发布《关于核定部分跨省跨区专项工程输电价格有关问题的通知》（发改价格〔2018〕1227 号），调整灵宝直流等 21 个跨省跨区专项工程输电价格，并规定降价形成资金、超收收入等收益的分享比例。

2019 年初，国家发展改革委全面启动开展新一轮输配电成本监审，监审范围包括全国除西藏以外 30 个省份的省级电网和华北、华东、东北、西北、华中 5 个区域电网。

2019 年 5 月，国家发展改革委正式发布《输配电定价成本监审办法》（发改价格规〔2019〕897 号），针对部分成本费用项的审核方法操作性有待提高、对企业成本的激励约束作用有待加强等问题，对原《输配电定价成本监审办法》进行修订完善。

延伸阅读——《输配电定价成本监审办法》政策要点

修订后的《输配电定价成本监审办法》在结合电力体制改革，借鉴和吸收国外输配电监管经验，总结首轮输配电成本监审试点实践的基础上进行修订，主要有以下几个特点：

一是强化成本监审约束和激励作用。对电网企业部分输配电成本项目实行费用上限控制；明确对电网企业未实际投入使用、未达到规划目标、重复建设等输配电资产及成本费用不列入输配电成本，引导企业合理有效投资，减少盲目投资；对企业重大内部关联方交易费用开展延伸审核，提高垄断环节成本的社会公允性。

二是细化成本监审审核方法。明确不得计入输配电成本的项目，细化输配电定价成本分类、界限及审核方法，增加分电压等级核定有关规定等，进一步提升成本监审操作性。

三是规范成本监审程序要求。进一步明确经营者配合责任及义务，增加对信息报送要求、程序，以及失信惩戒等规定，提高报送信息质量和效率。

新《办法》的修订完善，一是有利于科学核定输配电成本和价格，为深入推进输配电价改革和电力市场化发挥重要作用；二是有利于促进电网企业加强内部管理和降本增效，为降低实体经济用电成本，减轻社会负担创造条件；三是有利于改进政府对电网企业成本监管，进一步提高成本监审制度化、规范化水平。

（2）增量配电改革方面。

2016年11月以来，国家发展改革委、国家能源局分4批在全国范围内开展了404个增量配电业务改革试点。试点工作取得积极进展，已投运试点项目超过60个，并有28个试点项目已开工建设，改革试点初见成效。

2018年3月20日，国家发展改革委、国家能源局发布《增量配电业务配电区域划分实施办法（试行）》（发改能源规〔2018〕424号）。对增量配电业务、配电区域做出了明确界定，在一个配电区域内，只能有一家公司拥有配电网的运营权，所以区域划分至关重要，这也是当前增量配电改革推进的难点。鼓励以满足可再生能源就近消纳为主要目标的增量配电业务，支持依据其可再生能源供电范围、电力负荷等情况划分配电区域。为增量配电业务、配电区域划分提供了政策支撑和制度遵循，为增量配电业务改革深入推进打下了基础。

2019年1月7日，国家发展改革委、国家能源局印发《关于进一步推进增量配电业务改革的通知》（发改经体〔2019〕27号），进一步明确增量和存量的范围，在增量配电网规划、投资建设和运营等方面提出要求，完善了增量配电改革政策体系，有助于推动试点项目的落地见效和配售电公司的规范运营。

2019年6月，国家发展改革委、国家能源局发布《关于规范开展第四批增量配电业务改革试点的通知》，将增量配电试点向县域延伸，在各地推荐报送和第三方机构评估论证的基础上，确定甘肃酒泉核技术产业园等84个项目，作为第四批增量配电业务改革试点。

2019年10月，国家发展改革委、国家能源局发布《关于取消部分地区增量配电业务改革试点的通知》（以下简称《通知》），《通知》指出，在（增量配电业务改革）试点工作推进过程中，部分项目由于前期负荷预测脱离实际、未与地方电网规划有效衔接、受电主体项目没有落地等原因，不再具备试点条件。截至 2019 年 8 月 31 日，总计 24 个项目申请取消增量配电业务改革试点，经评估认定，国家发展改革委、国家能源局同意上述 24 个增量配电业务改革试点项目取消试点资格。

延伸阅读——政策要点

《关于进一步推进增量配电业务改革的通知》（发改经体〔2019〕27 号）提出：

1）进一步规范项目业主确定。

2）进一步明确增量和存量范围。

3）进一步做好增量配电网规划工作。

4）进一步规范增量配电网的投资建设与运营。

国家发展改革委　国家能源局《关于规范开展第四批增量配电业务改革试点的通知》（发改运行〔2019〕1097 号）指出：试点项目应当符合电网建设、运行、维护等国家和行业标准，履行安全可靠供电、保底供电等义务，保证项目建设质量和安全。项目业主应当符合信用体系建设相关政策要求。电网企业要保障试点项目安全可靠供电，保障电网公平无歧视开放，提供公平优质高效的并网服务。地方政府电力管理部门和国家能源局各派出能源监管机构要依法履行电力监管职责，对增量配电业务符合配电网规划、电网公平开放、电力普遍服务等实施监管。并提出了如下五点要求。

1）加强组织领导，务实开展试点项目实施工作。

2）加强沟通协调，形成合力加快推进试点落地。

3）加强过程管控，建立试点项目评价跟踪制度。

4）加强政策宣贯培训，树立典型发挥示范引领作用。

5）加强事中事后监管，确保试点项目供电安全。

(3) 优化电力营商环境方面。

2018年8月，国家能源局发布《国家能源局关于推行电力业务许可办理“最多跑一次”的实施意见》(国能发资质〔2018〕66号)，深入推进“放管服”相关改革。启动政务服务“一网一门一次”(即线上服务“一网通办”，线下办事“只进一扇门”，现场办理“最多跑一次”)改革，大力推动群众办事百项堵点疏解行动，在22个城市开展营商环境试评价，加快构建中国特色营商评价体系。

延伸阅读——政策要点

《国家能源局关于推行电力业务许可办理“最多跑一次”的实施意见》(国能发资质〔2018〕66号)主要措施：

1) 加强平台建设，全面实现网上办理。

2) 简化许可办事程序，规范审批流程。

3) 大力推进许可信息公开。

4) 采取线上咨询、培训模式。

5) 丰富监管手段，加强事中事后监管。

(4) 电力现货市场建设方面。

2018年以来，中国电力市场化交易电量的比重大幅提高，煤炭、钢铁、有色、建材4个重点行业发用电计划全面放开。2019年第一季度，全国完成市场化交易电量同比增长24.6%，占全社会用电量的26.8%，占经营性行业用电量的50.5%，市场化交易继续取得进展。

2018年，国家发展改革委、国家能源局聚焦现货市场试点面临的重点问题，研究起草了进一步推进电力现货市场建设试点工作的指导性意见。8月发布《关于推进电力交易机构规范化建设的通知》(发改经体〔2018〕1246号)，进一步深化电力体制改革，推进电力交易机构规范化建设，为各类市场主体提供规范公开透明的电力交易服务。

2018 年 8 月，《南方（以广东起步）电力现货市场规则（征求意见稿）》正式发布，这也是全国首个电力现货市场规则。本次颁布的文件包括实施方案、市场运营基本规则和 8 个配套实施细则，明确了广东电力市场运营相关方面的基本原则。

2018 年 9 月，国家发展改革委、国家能源局印发《关于推进电力交易机构规范化建设的通知》。国家电网有限公司、南方电网公司和各省（区、市）要按照多元制衡的原则，对北京电力交易中心、广州电力交易中心和各省（区、市）电力交易中心进行股份制改造。

2018 年 12 月，国家能源局印发《关于健全完善电力现货市场建设试点工作机制的通知》（国能综通法改〔2018〕164 号），意在深化电力市场化改革，构建电力中长期交易与现货交易相结合的电力市场体系。强调加快试点工作，抓紧研究起草市场运营规则，尽快开展技术支持系统建设。

2019 年 7 月 31 日，国家发展改革委、国家能源局联合印发了《关于深化电力现货市场建设试点工作的意见》（发改办能源规〔2019〕828 号）。《意见》中称，进一步深化电力市场化改革，遵循市场规律和电力系统运行规律，建立中长期交易为主、现货交易为补充的电力市场，完善市场化电力电量平衡机制和价格形成机制，促进形成清洁低碳、安全高效的能源体系。

延伸阅读——政策要点

《关于深化电力现货市场建设试点工作的意见》：

在现货市场方面，根据电网情况选择集中式电力市场模式或分散式电力市场模式。市场组成包括日前（$T+1$）、日内（$T+0$）、实时（$T+n$ h）的电量交易，通过各个时段报价竞价，确定分时市场出清价格。另参与现货市场的主体涵盖了发电、供电、售电及可参与直接交易的用电单位。而在价格机制方面，通过现货交易的机制，灵活调整市场价格，最终体现市场决定价格的特质。

核心原则是，我国将建立中长期交易为主、现货交易为补充的电力市场，通过电力电量平衡机制和价格形成机制，促进形成清洁低碳、安全高效的能源体系。

现货市场的核心仍然要以促进清洁能源消纳为主，非水可再生能源要积极参与现货交易模式，且在现货交易中可采取多种报价形式。在现货市场方面，支持开展跨省跨区域的现货市场交易，通过跨省跨区域现货市场确保发电大省的电量输出，另与中长期市场相结合，确保稳定安全供电。

（二）推进能源供给侧结构性改革

（1）加快优质产能释放，化解过剩产能。

为了全面推动煤电清洁化发展，进一步降低排放水平，提升煤电调峰能力，国家制定了一系列加快优质产能释放、促进落后产能退出的政策。例如，实施煤电机组耦合生物质掺烧或改造、提高燃料灵活性、探索应用碳捕捉封存等煤电清洁化技术等。未来煤电主要考虑布局在鄂尔多斯、陕北、哈密、准东、陇东等基地。预计到2035年，煤电装机占比下降至36%左右，发电量占比下降至50%左右。

2018年9月，为积极稳妥化解煤电过剩产能，进一步提高电力应急保障能力，做好煤电应急调峰储备电源管理工作，国家发展改革委、国家能源局印发了《关于煤电应急调峰储备电源管理的指导意见》（发改能源规〔2018〕1323号）。

2019年4月，国家发展改革委、国家能源局联合发布了《关于深入推进供给侧结构性改革 进一步淘汰煤电落后产能 促进煤电行业优化升级的意见》，要求加快煤电产业新旧产能转换，七大类燃煤机组将限期淘汰关停。

2019年4月，国家发展改革委发布了《关于做好2019年重点领域化解过剩产能工作的通知》（发改运行〔2019〕785 号），附件包含《煤电化解过剩产能工作要点》，其中明确了 2019 年目标任务为淘汰关停不达标的落后煤电机组（含燃煤自备机组）。依法依规清理整顿违规建设煤电项目。发布实施煤电规划建设风险预警，有序推动项目核准建设，严控煤电新增产能规模，按需合理安排应急备用电源和应急调峰储备电源。统筹推进燃煤电厂超低排放和节能改造，西部地区具备条件的机组 2020 年完成改造工作。

延伸阅读——政策要点

《2019 年煤电化解过剩产能工作要点》指出：一是对于列入 2019 年度煤电淘汰落后产能目标任务的机组，除地方政府明确作为应急备用电源的机组外，应在 2019 年 12 月底前完成拆除工作，需至少拆除锅炉、汽轮机、发电机、输煤栈桥、冷却塔、烟囱中的任两项。二是严控各地煤电新增产能。装机充裕度为红色和橙色的地区，原则上不新安排省内自用煤电项目投产，确有需要的，有序适度安排煤电应急调峰储备电源。装机充裕度为绿色的地区，也要优先利用清洁能源发电和外送电源项目，并采取省间电力互济、电量短时互补，加强需求侧管理，充分发挥应急备用电源、应急调峰储备电源作用等措施，减少对新投产煤电装机的需求。确实无法满足需求的，按需适度安排煤电投产规模。

《关于煤电应急调峰储备电源管理的指导意见》指出：煤电应急调峰储备电源是指未纳入年度投产计划，手续合法齐全并已基本完成工程建设，且具备并网发电条件的煤电（热电）机组，在电力、热力供应紧张、电网严重故障以及重大保电需要时，启动运行发挥应急保障作用，在其他时段停机备用。

《关于进一步完善煤炭产能置换政策　加快优质产能释放　促进落后产能有序退出的通知》指出：一是支持与自然保护区、风景名胜区、饮用水水源保护区重叠煤矿加快退出，二是支持灾害严重煤矿和长期停工停产煤矿加快退出，三是支持一级安全生产标准化煤矿增加优质产能，四是支持优化生产系统煤矿增加优质产能，五是支持煤电联营增加优质产能，六是支持与煤炭调入地区签订相对稳定的中长期合同煤矿增加优质产能，七是鼓励已核准建设煤矿增加优质产能，八是有序实施产能置换承诺制度，九是明确产能置换煤矿关闭退出时间，十是加强事中事后监管。

（2）提高可再生能源消纳水平。

2018年，中国可再生能源发电量达到1.87万亿kW·h，占全部发电量比重从2012年的20%提高到2018年的26.7%。水电、风电、光伏发电并网装机合计达7.1亿kW。在加快可再生能源开发利用的同时，水电、风电、光伏发电的送出和消纳问题比较严峻，迫切需要建立促进可再生能源电力发展和消纳的长效机制。

2018年3月，国家能源局针对《可再生能源电力配额及考核办法（征求意见稿）》三次征求意见，可再生能源持续发展获得新动能。可再生能源的平价上网时代正在来临，“531”新政后原本的光伏粗放式发展受到严格把控，补贴退坡等措施也倒逼光伏产业面向市场、迎接挑战。

2018年5月，为促进光伏行业健康可持续发展，提高发展质量，加快补贴退坡，国家发展改革委公布《关于2018年光伏发电有关事项的通知》（发改能源〔2018〕823号）。通知要求合理把握发展节奏，优化光伏发电新增建设规模，暂不安排2018年普通光伏电站建设规模，在国家未下发文件启动普通电站建设工作前，各地不得以任何形式安排需国家补贴的普通电站建设。而在分布式光伏方面，2018年仅安排1000万kW左右建设规模。此外，将进一步降低光伏发电补贴强度。

2018年10月，为了建立清洁能源消纳的长效机制，国家发展改革委公布

《清洁能源消纳行动计划（2018—2020年）》（发改能源规〔2018〕1575号），启动可再生能源配额考核。通知工作目标是到2018年清洁能源消纳取得显著成效，到2020年基本解决清洁能源消纳问题，并对各省区清洁能源消纳目标做出规定。

2019年1月，国家发展改革委、国家能源局联合印发《关于积极推进风电、光伏发电无补贴平价上网有关工作的通知》（发改能源〔2019〕19号），在具备条件的地区建设一批平价上网项目。与此同时，完善需国家补贴的项目竞争配置机制，减少行业发展对国家补贴的依赖。2019年风电、光伏发电总的导向就是坚持稳中求进总基调，加快技术进步和补贴强度降低，做好项目建设与消纳能力协调，实现高质量发展。

2019年3月，全国新能源电力消纳监测预警平台正式启动、投入运行。平台对全国各地区新能源消纳状况进行按月监测、按季评估、按年预警，提出各地区弃电率、弃电量、利用小时数等新能源消纳指标预测结果，并对消纳受限原因进行分析，为国家能源主管部门优化新能源发展规模和布局提供科学的决策依据。

2019年5月，国家发展改革委、能源局联合印发《关于建立健全可再生能源电力消纳保障机制的通知》（发改能源〔2019〕807号）。有利于建立促进可再生能源持续健康发展的长效机制，激励全社会加大开发利用可再生能源的力度，为推动中国能源结构调整，构建清洁低碳、安全高效的能源体系创造良好环境。

延伸阅读——政策要点

《关于2018年光伏发电有关事项的通知》（发改能源〔2018〕823号）指出：合理把握发展节奏，优化光伏发电新增建设规模；支持光伏扶贫；有序推进光伏发电领跑基地建设；鼓励各地根据各自实际出台政策支持光伏产业发展；加快光伏发电补贴退坡，降低补贴强度；发挥市场配置资源决定性作用，进一步加大市场化配置项目力度。

《清洁能源消纳行动计划（2018—2020年）》（发改能源规〔2018〕1575号）提出目标：2018年确保全国平均光伏发电利用率高于95%，弃光率低于5%，确保弃风、弃光电量比2017年进一步下降。2019年，确保全国平均光伏发电利用率高于95%，弃光率低于5%。2020年，确保全国平均光伏发电利用率高于95%，弃光率低于5%。

此外，提出相关措施：

1）严格执行光伏发电投资监测预警机制，严禁违反规定建设规划外项目，存在弃光的地区原则上不得突破“十三五”规划规模。

2）进一步降低新能源开发成本，制定逐年补贴退坡计划，加快推进光伏发电平价上网进程，2020年新增集中式光伏发电尽早实现上网侧平价上网。

3）水电为主同时有风电、光伏发电的区域，以及风电、光伏发电同时集中开发的地区，可探索试点按区域组织多种电源协调运行的联合调度单元。

4）强化清洁能源消纳目标考核，原则上对光伏发电利用率超过95%的区域，其限发电量不再计入全国限电量统计。

（三）加快推进深度贫困地区能源建设

国家能源局全面贯彻落实党中央、国务院关于坚决打赢脱贫攻坚战的决策部署，立足行业职能，发挥行业优势，进一步推动完善贫困地区能源基础设施，支持贫困地区能源资源开发，助推贫困地区经济社会发展，能源行业扶贫和定点扶贫工作均取得明显成效。

2018年3月，国家能源局印发《2018年定点扶贫和对口支援工作要点》，明确定点扶贫甘肃省通渭、清水和对口支援江西信丰县的重点帮扶事项。

2018 年 4 月，国家能源局印发实施《光伏扶贫电站管理办法》，规范光伏扶贫电站建设运行管理。

2018 年 5 月，国家能源局印发《进一步支持贫困地区能源发展助推脱贫攻坚行动方案（2018—2020 年）》，促进贫困地区能源加快开发建设。

2018 年 10 月，国家能源局印发《“三区三州”农网改造升级攻坚三年行动计划（2018—2020 年）》；11 月，印发实施《贯彻落实〈中共中央　国务院关于打赢脱贫攻坚战三年行动的指导意见〉的工作方案》。

2019 年 4 月，国家能源局发布《2019 年脱贫攻坚工作要点》（国能发规划〔2019〕32 号），进一步加大国家能源局扶贫工作力度。

延伸阅读——政策要点

《2019 年脱贫攻坚工作要点》：积极支持贫困地区重大能源项目建设；在确保生态安全的前提下，有序推动“三区三州”等贫困地区大型水电基地建设；在风电平价上网项目布局及竞争性配置有国家补贴风电项目方面向贫困地区倾斜，积极推动四川凉山、甘肃通渭大型风电基地建设；积极推动贫困地区煤炭资源开发，将资源优势尽快转化为经济优势；提高贫困地区农村可再生能源开发利用水平；积极推进贫困地区生物质能开发利用，组织各地修订生物质热电联产“十三五”规划，重点支持贫困地区生物质热电联产项目建设，推动提高贫困地区沼气规模化利用水平。

（四）大力推进电能替代

2018 年 2 月，国家发展改革委、国家能源局发布了《关于提升电力系统调节能力的指导意见》（发改能源〔2018〕364 号）。强调全面推进电能替代，到 2020 年，电能替代电量达到 4500 亿 kW·h，电能占终端能源消费的比重上升至

27%。在新能源富集地区，重点发展热泵技术供热、蓄热式电锅炉等灵活用电负荷，鼓励可中断式电制氢、电转气等相关技术的推广和应用。

2019年4月，国家能源局印发了《关于完善风电供暖相关电力交易机制扩大风电供暖应用的通知》（国能发新能〔2019〕35号）。在总结已有风电清洁供暖试点经验基础上，要进一步完善风电供暖相关电力交易机制，扩大风电供暖应用范围和规模。

2019年6月，国家能源局综合司发布了征求《关于解决“煤改气”“煤改电”等清洁供暖推进过程中有关问题的通知》意见的函，强调因地制宜拓展多种清洁供暖方式，在城镇地区，重点发展清洁燃煤集中供暖；在农村地区，重点发展生物质能供暖；在具备条件的城镇和农村地区，按照以供定改原则继续发展“煤改气”“煤改电”；适度扩大地热、太阳能和工业余热供暖面积。积极探索新型清洁供暖方式。

（五）积极推进电动汽车及充电设施发展

中国电动汽车发展态势迅猛，2018年全年新能源汽车销售超过126万辆，同比增加60%；中国已形成全球最大规模的充电设施网络，截至2019年2月底，中国充电基础设施达到了86.6万个，其中，公共充电桩35万个，专用桩52万个。但充电基础设施建设依然存在问题，盈利模式不清晰、充电技术创新能力不足等制约了行业发展。

为加快推进充电基础设施规划建设，全面提升新能源汽车充电保障能力，推动落实《电动汽车充电基础设施发展指南（2015—2020年）》，根据《国务院办公厅关于加快电动汽车充电基础设施建设的指导意见》（国办发〔2015〕73号）要求，2018年发布了以下文件：

2018年2月，国家发展改革委、国家能源局发布了《关于提升电力系统调节能力的指导意见》（发改能源〔2018〕364号），要求提高电动汽车充电基础设施智能化水平。

2018年11月，国家能源局同国家发展改革委、工信部、财政部等部门，发布了《提升新能源汽车充电保障能力行动计划》（发改能源〔2018〕1698号），力争三年时间提升中国充电基础水平、产品质量以及加快完善标准体系，全面优化设施布局，以达到显著增强充电网络互通互联能力，快速提升服务品质，完善发展的环境和产业格局。

2019 年 3 月，财政部公布了《关于进一步完善新能源汽车推广应用财政补贴政策的通知》（财建〔2019〕138 号）。优化技术指标，坚持“扶优扶强”。体现了国家通过精准施策、系统调整，集中支持优势产品和核心技术产业化，促进新能源汽车产业的战略转型。

延伸阅读——政策要点

《关于提升电力系统调节能力的指导意见》（发改能源〔2018〕364 号）指出：探索利用电动汽车储能作用，提高电动汽车充电基础设施的智能化水平和协同控制能力，加强充电基础设施与新能源、电网等技术融合，通过“互联网＋充电基础设施”，同步构建充电智能服务平台，积极推进电动汽车与智能电网间的能量和信息双向互动，提升充电服务化水平。

《提升新能源汽车充电保障能力行动计划》（发改能源〔2018〕1698号）提出：第一，提高充电设施技术质量，加大大功率无线充电、智能充电的技术研发以及推广应用。第二，充电基础设施运行的企业全面提升运维水平，切实提升设施利用率和服务能力。第三，进一步优化充电设施的布局和规划。第四，完善整个充电到桩的流程等，强化充电设施的保证供电能力。第五，提升互通互联水平。第六，加快推进充电标准化进程，建立国家标准、行业标准、团体标准有效互补的体系。

《关于进一步完善新能源汽车推广应用财政补贴政策的通知》（财建〔2019〕138 号）提出：

1）优化技术指标，坚持“扶优扶强”：鼓励续航大于250km的电动车补贴门槛进一步提高，适度提高新能源汽车整车能耗要求；

2）完善补贴标准，分阶段释放压力；

3）完善清算制度，提高资金效益；

4）营造公平环境，促进消费使用；

5）强化质量监管，确保车辆安全。

（六）促进储能产业发展

2018年，国家能源局复函同意甘肃省开展国家网域大规模电池储能电站试验示范工作，全国首个国家网域大规模储能项目获批。项目将按照“分期建设、分布接入、统一调度”的原则实施，选址在酒泉、嘉峪关、武威、张掖等地建设。一期建设规模720MW•h，电站储能时间4h，计划2019年建成。

2018年10月，国家能源局综合司发布《关于征求加强储能技术标准化工作的实施方案》意见的函，目标在“十三五”期间，初步建立储能技术标准体系；“十四五”期间，形成较为科学、完善的储能技术标准体系。

编制一系列储能国家标准并开始实施。GB/T 36276—2018《电力储能用锂离子电池》2019年1月实施，GB/T 36280—2018《电力储能用铅炭电池》2019年1月实施，GB/T 36547—2018《电化学储能系统接入电网技术规定》2019年2月实施，GB/T 36278—2018《电动汽车充换电设施接入配电网技术规范》2019年1月实施，GB/T 36558—2018《电力系统电化学储能系统通用技术条件》2019年2月1日起实施，GB/T 36549—2018《电化学储能电站运行指标及评价》2019年2月起实施。

为落实《关于促进储能技术与产业发展的指导意见》（发改能源〔2017〕1701号），进一步推进中国储能技术与产业健康发展，支撑清洁低碳、安全高效能源体系建设和能源高质量发展，2019年7月，国家发展改革委、国家能源局、科技部、工信部联合发布《贯彻落实关于促进储能技术与产业发展的指导意见 2019—2020 年行动计划》（发改办能源〔2019〕725 号），为下一阶段推动储能产业工作做了明确职能分工。

延伸阅读——政策要点

《关于征求加强储能技术标准化工作的实施方案》指出：

建设健全储能技术标准化组织，重点开展集中式和分布式储能系统技术及标准研究，实质性参与 IEC/TC8（供电系统因素）、IEC/TC21（蓄电池）、IEC/TC105（燃料电池）、IEC/TC120（电力储能系统）、ISO/TC197（氢能）等储能技术领域的国际标准化组织，争取牵头研制储能技术国际标准。加大资金投入，积极争取国家各类专项资金支持，引导行业、地方资金投入，调动企业积极性。

《贯彻落实关于促进储能技术与产业发展的指导意见 2019—2020 年行动计划》（发改办能源〔2019〕725 号）提出：

1）加强先进储能技术研发和智能制造升级。

2）完善落实促进储能技术与产业发展的政策。

3）推进抽水蓄能发展。

4）推进储能项目示范和应用。

5）推进新能源汽车动力电池储能化应用。

6）加强推进储能标准化。

（七）打赢污染防治攻坚战

2018 年 7 月，国家发展改革委发布《打赢蓝天保卫战三年计划》。目标到 2020 年，全国煤炭占能源消费总量比重下降到 58%以下。重点削减非电力用煤，提高电力用煤比例，推进煤炭的清洁利用。

2018年，全国碳市场正式试运行。中国碳排放交易体系正式启动，以发电行业为突破口，分基础建设期、模拟运行期、深化完善期3阶段。现已制定了包括碳市场管理办法、企业碳排放管理办法、核查机构管理办法等条例配套制度的相关方案；初步组建了各个企业的碳排放系统，组织研究设计了全国碳排放权注册登记系统和交易系统的方案；研究制定发电行业配额分配方案，研究全国碳市场运行测试方案，启动了发电行业的碳排放交易技术指南编制工作。

2018年7月，国家发展改革委印发《关于创新和完善促进绿色发展价格机制的意见》（发改价格规〔2018〕943号），将生态环境成本纳入经济运行成本，鼓励实施绿色电价机制。《意见》提出，到2020年，中国将基本形成有利于绿色发展的价格机制、价格政策体系，促进资源节约和生态环境成本内部化的作用明显增强；到2025年，适应绿色发展要求的价格机制更加完善，并落实到全社会各方面各环节。

延伸阅读——政策要点

《关于创新和完善促进绿色发展价格机制的意见》（发改价格规〔2018〕943号）。

充分发挥电力价格的杠杆作用，推动高耗能行业节能减排、淘汰落后，引导电力资源优化配置，促进产业结构、能源结构优化升级。完善差别化电价政策；完善峰谷电价形成机制；完善部分环保行业用电支持政策；鼓励各地积极探索生态产品价格形成机制、碳排放权交易、可再生能源强制配额和绿证交易制度等绿色价格政策，对影响面大、制约因素复杂的政策措施可先行试点，摸索经验，逐步推广。

2.1.3 电力供需情况

（一）电力供应

中国发电装机容量继续扩大，受非化石能源发电快速发展拉动，装机结构清洁化趋势明显，新增装机最多的是太阳能发电机组。截至2018年底，全国发电装机容量达到19.0亿kW，同比增长6.5%。其中，火电装机规模11.4亿kW，同比上升3.1%，新增装机容量为4380万kW；水电装机规模3.5亿kW，同比上升2.5%，新增装机容量为859万kW；受政策影响，太阳能发电装机容量持续快速增长，装机容量达到1.74亿kW，同比增长33.7%，占全部装机容量的9.2%，新增装机容量约为4525万kW，成为新增装机容量最多的类型；风电装机容量达到1.8亿kW，同比增长12.4%，新增装机容量为2127万kW；核电装机容量达到4466万kW，同比增长24.7%，新增装机容量为884万kW。2017—2018年全国分类型发电装机容量及增长率如图2-5所示，2017—2018年全国分类型发电装机容量如图2-6所示。

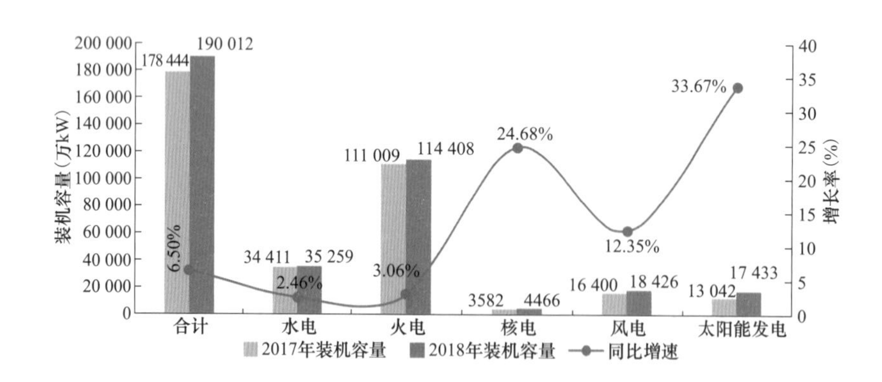

图2-5 2017—2018年全国分类型发电装机容量及增长率

数据来源：中国电力企业联合会，中国电力行业年度发展报告2019。

中国发电量维持较快增长，火电发电量比重继续下降，非化石能源发电量快速增长。2018年，全国全口径发电量为69 947亿kW·h，同比增长8.4%。其中火电发电量为49 249亿kW·h，占总发电量的70.4%，比上年下降0.7个

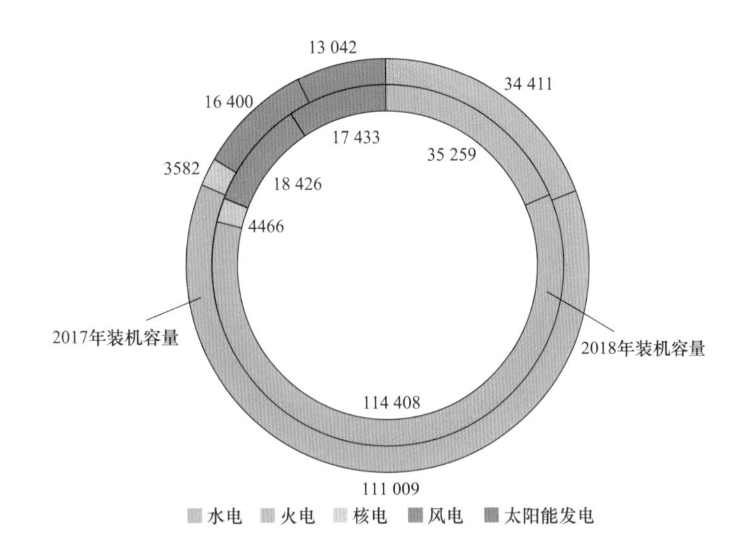

图 2-6 2017—2018 年全国分类型发电装机容量（单位：万 kW）

数据来源：中国电力企业联合会，中国电力行业年度发展报告 2019。

百分点；水电发电量同比增长 3.1%，占 17.6%，比上年下降 0.9 个百分点；核电、并网风电和并网太阳能发电量分别占 4.2%、5.2%和 2.5%，分别比上年提高 0.4 个、0.5 个、0.7 个百分点，如图 2-7、图 2-8 所示。

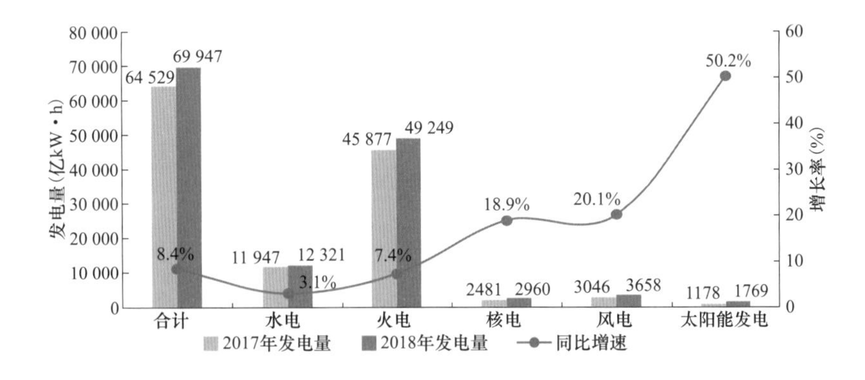

图 2-7 2017—2018 年全国分类型发电量及增长率

数据来源：中国电力企业联合会，中国电力行业年度发展报告 2019。

全国发电设备平均利用小时数和各类型发电机组利用小时数均上升。2018 年，全国发电设备利用小时数为 3880h，同比上升 90h。其中水电利用小时数为 3607h，同比增加 10h；火电 4378h，同比增加 159h；核电 7543h，同比增加 454h；

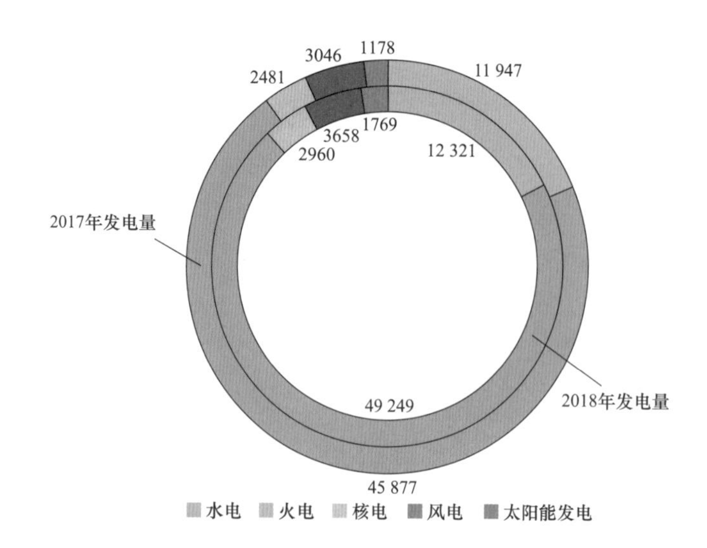

图 2-8　2017 年和 2018 年全国分类型发电量（单位：亿 kW）

数据来源：中国电力企业联合会，中国电力行业年度发展报告 2019。

风电 2103h，同比增加 155h；太阳能发电 1230h，同比增加 25h，如图2-9所示。

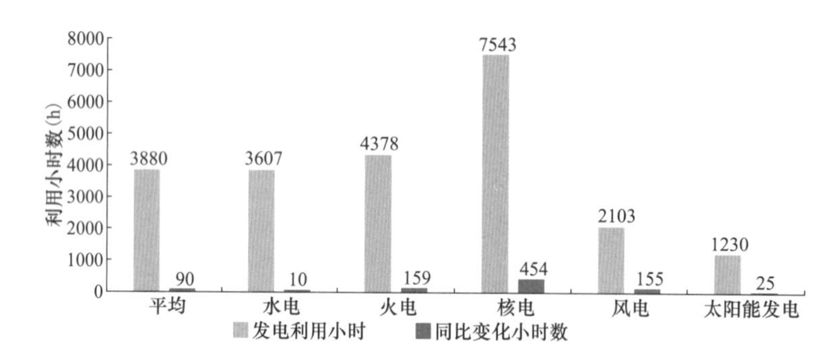

图 2-9　2018 年全国分类型发电设备利用小时及变化

数据来源：中国电力企业联合会，中国电力行业年度发展报告 2019。

中国可再生能源持续快速发展，消纳形势比 2017 年明显转好。截至 2018 年底，可再生能源发电装机容量达到 7.7 亿 kW，占电源总装机容量的 40.8%。2018 年全国弃水、弃风、弃光率均降低。2018 年，全国弃水电量约为 691 亿 kW·h，弃水率为 5%，全国平均水能利用率达到 95%左右。弃风电量为 277 亿 kW·h，平均弃风率为 7%，同比降低 5 个百分点，全国有 15 个省份基本无弃风现象；全国弃光电量为 54.9 亿 kW·h，弃光率平均为 3%，同比降低 2.8%，全国有20个省份基本无弃光现象。并网风电设备利用小时数创2013年来最高。

2019年上半年，可再生能源电力消纳成效显著，全国弃风电量为105亿kW•h，平均弃风率为4.7%，同比下降4.0个百分点。全国弃光电量为26亿kW•h，弃光率为2.4%，同比下降1.2个百分点。2019年全年预计弃电率在5%以内。

（二）电力消费

中国全社会用电量增速继续回升，用电结构进一步调整。2018年，全国全社会用电量69 002亿kW•h，同比增长8.4%，增速较上年提高1.8个百分点。随着经济结构不断优化，用电结构随之调整，第三产业用电量为10 831亿kW•h，同比增长12.9%，仍然为增长最快的产业。城乡居民生活用电量占全社会用电量的比重达14.0%，同比增长0.1个百分点，各产业和居民生活用电量及增速如图2-10所示。

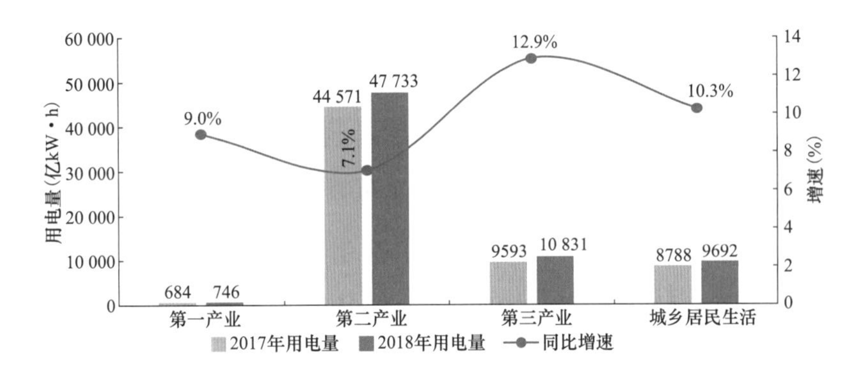

图2-10　2017—2018年全国各产业和居民生活用电量及增速

数据来源：中国电力企业联合会，中国电力行业年度发展报告2019；
国家电网有限公司，2018年电网发展诊断分析报告。

用电负荷增长较快，电力供需比较宽松。2018年，全国最大用电负荷同比增长5.8%，增速比上年下降2.0个百分点。

2018年，国家电网有限公司经营区域最高用电负荷为8.5亿kW，较2017年增长5.42%。除上海受2017年极端高温及2018年“凉夏”影响，下降5%外，各省负荷均不同程度增长。山西、山东、湖南、河南、江西、蒙东、四川、西藏8个省级电网较2017年增长超过10%。

2017—2018年全国各省负荷及增长率如图2-11所示。

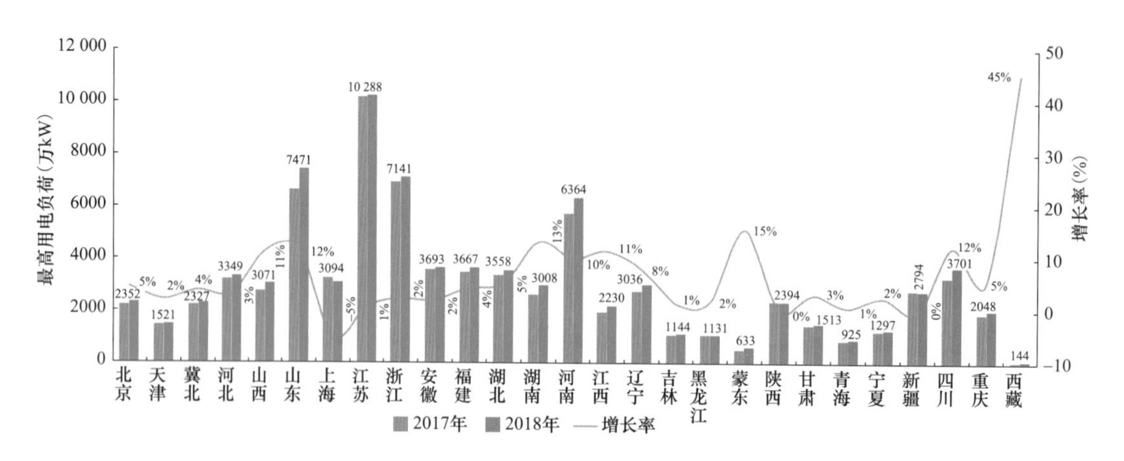

图2-11 2017—2018年全国各省负荷及增长率

数据来源：国家电网有限公司，2018年电网发展诊断分析报告。

2018年，国家电网有限公司经营区域全社会用电量为54 257亿kW•h，较2017年增长8.5%。各省电网用电量出现不同程度的增长，其中福建、安徽、湖北、湖南、江西、陕西、甘肃、四川、重庆、西藏10省增速超过10%。2018年江苏、山东、浙江、河南全社会用电量均超过3000亿kW•h。2017—2018年全国各省用电量及增长率如图2-12所示。

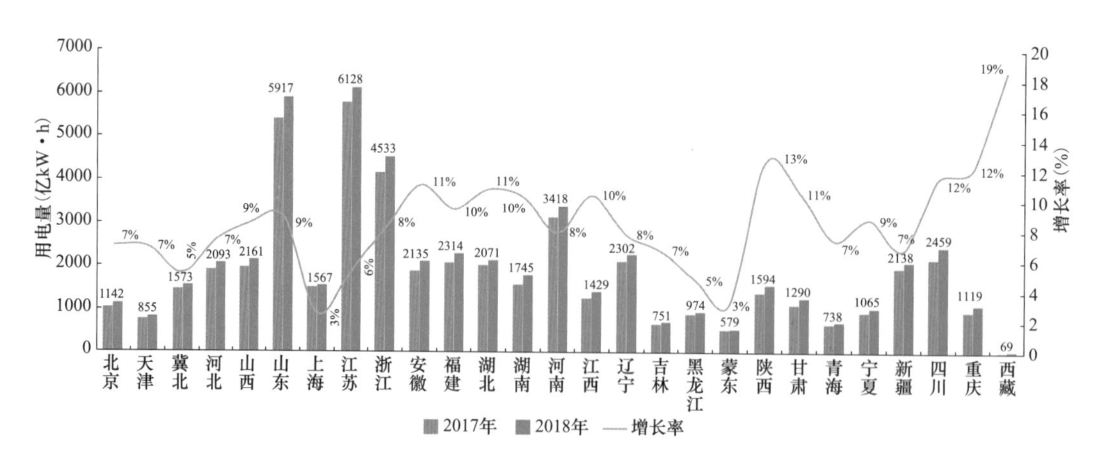

图2-12 2017—2018年全国各省用电量及增长率

数据来源：国家电网有限公司，2018年电网发展诊断分析报告。

2.2 电网发展分析

2.2.1 电网投资

（一）总体情况

电力投资保持下降趋势，其中电网投资维持不变，电源投资降幅减少。如图 2-13 所示，2018 年，中国电力投资 8127 亿元，同比下降 1.4%，电力投资已回落至 2014 年水平，2015—2018 年均降速为 3.8%。

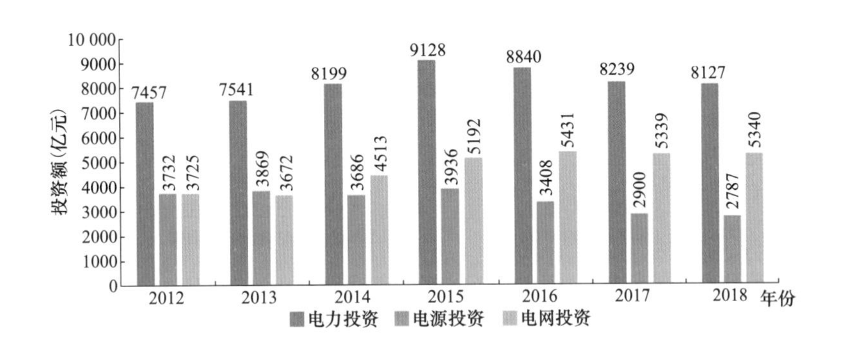

图 2-13　2012—2018 年全国电力投资规模

数据来源：中国电力企业联合会，中国电力行业年度发展报告 2018；

国家电网有限公司，2018 年电网发展诊断分析报告。

在经济结构调整和电力行业去产能的双重作用下，电源投资继续保持下降趋势，在 2016 年和 2017 年连续两年下降之后，2018 年降速为 3.9%，同比减少 11%，2015—2018 年均降速为 10.9%。

2018 年，电网投资 5340 亿元，连续 4 年保持在 5000 亿元以上的水平，与上年基本持平，略有增加，2012—2018 年均增速为 5.8%，电网投资占电力投资的比例为 65.7%，同比上升 0.9 个百分点，连续第五年高于电源投资比例。

（二）电网投资结构

电网投资继续向配电网、农网倾斜，新一轮农网改造升级取得阶段性重大进展。如图 2-14 所示，2018 年，输电网（220kV 及以上）投资 2003 亿元，同比降低 11.9%；配电网（110kV 及以下）投资 3064 亿元，同比增长 7.8%。

2018 年，输电网、配电网以及其他投资的结构为 37.5∶57.2∶5.1，配电网投资连续 5 年超过输电网，投资比例创下历年之最。

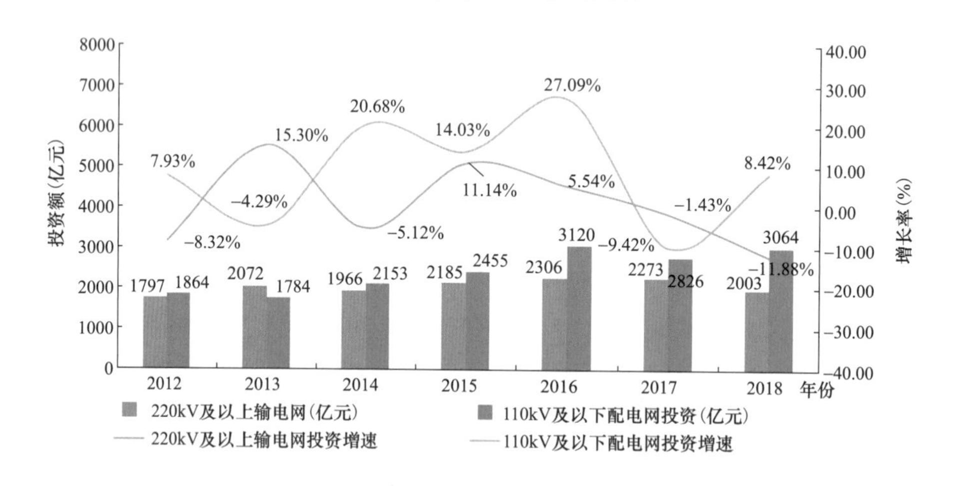

图 2-14　2012—2018 年全国电网投资规模

数据来源：中国电力企业联合会，中国电力行业年度发展报告 2019；
国家电网有限公司，2018 年电网发展诊断分析报告。

（三）电网工程造价水平

2018 年变电工程单位造价有所下降，线路工程单位造价出现小幅上涨。

（1）变电工程造价水平。

近年来由于技术进步和主要设备价格的下降，除 1000、500kV 和 330kV 在 2018 年有小幅增长外，其余电压等级变电工程单位容量造价均呈明显的逐年下降趋势。2012—2018 年，各电压等级的变电工程单位容量造价均下降了 20% 左右，其中 500kV 变电工程下降了 27.33%。2018 年，1000、±800、750、500、330、220、110kV 变电工程单位容量造价分别为 284、541、246、117、213、179 元/（kV·A）和 234 元/（kV·A）。2012—2018 年中国新建变电工程单位容量造价变化情况如图 2-15 所示。

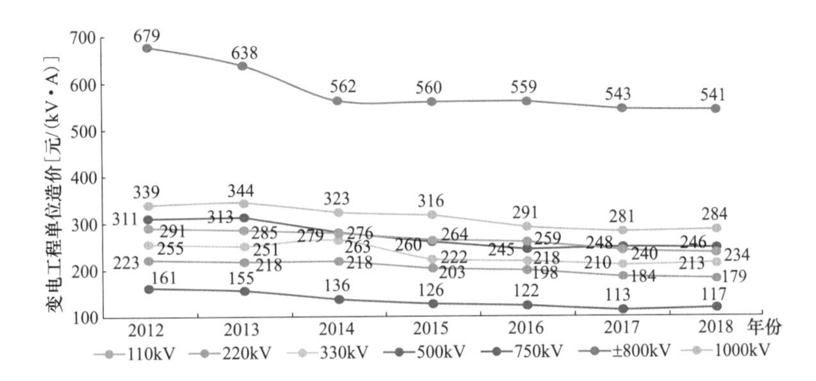

图 2-15　2012—2018 年中国新建变电工程单位容量造价变化情况

数据来源：电力规划设计总院，中国电力发展报告 2019；

国家电网有限公司，输变电工程造价分析（2018 年版）。

（2）线路工程造价水平。

主要由于原材料价格上涨，征地难度上升，结合政策因素和市场供需状况，各电压等级的线路工程单位造价总体呈波动上升趋势。1000、±800、750、500、330、220、110kV 线路工程单位造价同比增加 6.35%、5.00%、6.32%、6.32%、6.50%、6.79%、4.63%，分别达到 1152 万、409 万、262 万、202 万、101 万、84 万元/km 和 67 万元/km。2012—2018 年中国新建架空线路工程单位长度造价变化情况如图 2-16 所示。

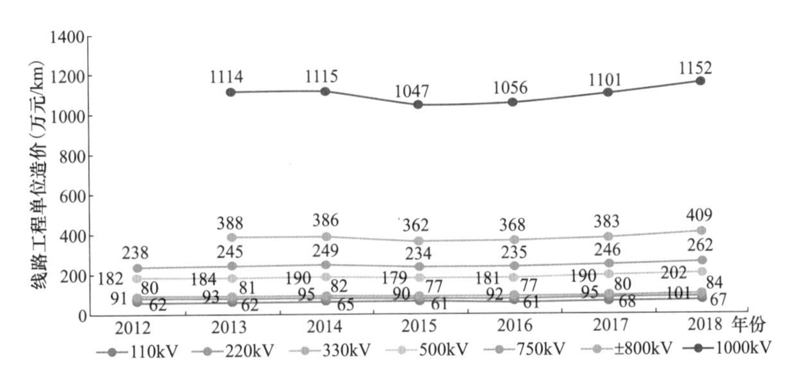

图 2-16　2012—2018 年中国新建架空线路工程单位长度造价变化情况

数据来源：电力规划设计总院，中国电力发展报告 2019；

国家电网有限公司，输变电工程造价分析（2018 年版）。

2.2.2 电网规模

（一）总体情况

中国输电线路长度增长与电力需求增长相当，500kV 超高压线路增速最快。截至 2018 年底，中国 220kV 及以上输电线路达 73.3 万 km，同比增长 7.1%，略高于“十二五”期间平均增速水平。与 2017 年相比，2018 年直流输电线路建成投运规模增速明显回落，同比增长 12.25%，最高电压等级提升到 ±1100kV。特高压交流线路规模增长不明显，220kV 和 500kV 电压等级输电线路新增规模较大，分别为 23881km 和 17317km，分别同比增长 5.8% 和 10.0%。中国 220kV 及以上输电线路长度如表 2 - 1 所示。

表 2 - 1　中国 220kV 及以上输电线路长度

类　别	输电线路长度（km）			增速（%）		
	2017 年	2018 年	2018 年新增	“十二五”平均	2017 年	2018 年
合计	684 467	733 393	48 926	6.4	6.53	7.11
直流	37399	41 979	4580	13.29	28.95	12.33
其中：±1100kV		3232	3232	—	—	—
±800kV	20 874	22 219	1345	33.5	67.82	6.52
±660kV	1334	1334	0	0	0.00	0.00
±500kV	13 552	13 554	2	7.7	0.00	0.01
±400kV	1640	1640	0	11.8	0.00	0.00
交流	648 168	691 414	43 246	6	5.49	6.65
其中：1000kV	10 073	10 142	69	48.6	29.88	0.73
750kV	18 830	20 174	1344	11.9	6.04	6.94
500kV	173 772	191 089	17 317	4.7	3.91	10.05
330kV	30 183	30 817	634	4.8	8.78	2.05
220kV	415 311	439 192	23 881	6.4	5.44	5.70

数据来源：中国电力企业联合会，中国电力行业年度发展报告 2019；国家电网有限公司，2018 年电网发展诊断分析报告。

中国变电设备容量增长与输电线路增长趋势协调。截至2018年底，中国220kV及以上变电设备容量达40.2亿kV•A，同比增长6.2%，低于“十二五”期间平均增速水平。特高压直流换流容量和特高压交流变电容量的增速均显著放缓，同比分别回落60.7个百分点和17.7个百分点。除500kV超高压变电容量小幅增长外，其他电压等级变电容量增速也均发生回落，如表2-2所示。

表2-2　　中国220kV及以上电网变电（换流）容量

类　别	电网变电（换流）容量（万kV•A）			增速（%）		
	2017年	2018年	2018年新增	“十二五”平均	2017年	2018年
合计	378 934	402 255	23 321	8.1	7.91	6.15
交流	347 277	368 689	21 412	7.6	7.26	6.17
其中：1000kV	13 800	14 700	900	33.4	24.24	6.52
750kV	14 540	16 130	1590	19.5	11.35	10.94
500kV	125 133	135 316	10 183	8.9	6.04	8.14
330kV	10 897	11 497	600	6	8.02	5.51
220kV	182 906	191 046	8140	5.8	6.75	4.45
直流	30 710	32 619	1909	17.3	17.29	6.22
其中：±1100kV	0	600	600	—	—	—
±800kV	11 879	12 933	1054	4.5	74.59	8.87
±500kV	18 831	18 944	113	26.1	1.36	0.60

数据来源：中国电力企业联合会，中国电力行业年度发展报告2019；国家电网有限公司，2018年电网发展诊断分析报告。

全国单位电网投资增售电量稳中有增。2018年，全国单位电网投资增售电量为0.66kW•h/元，比2017年提升10%，显著高于2014、2015年水平，但仍未达到2013年的水平，如图2-17所示。

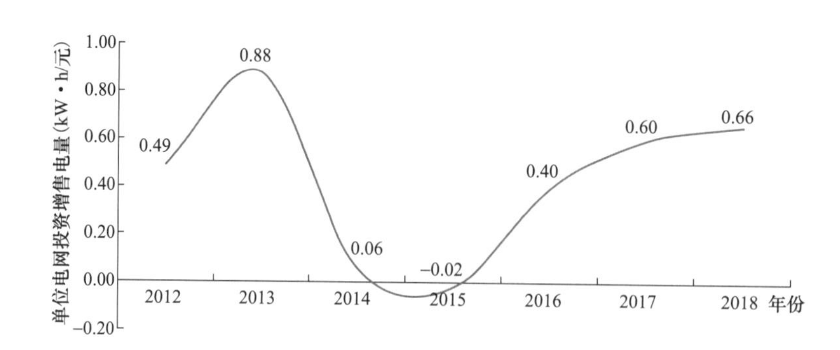

图 2-17　2012—2018 年全国单位电网投资增售电量

数据来源：中国电力企业联合会，2018 全国电力统计基本数据一览表；
国家电网有限公司，2018 年电网发展诊断分析报告。

全国单位电网投资增供负荷有所回升。2018 年，全国单位电网投资增供负荷为 1.27kW/万元，与 2017 年相比出现小幅提升，如图 2-18 所示。

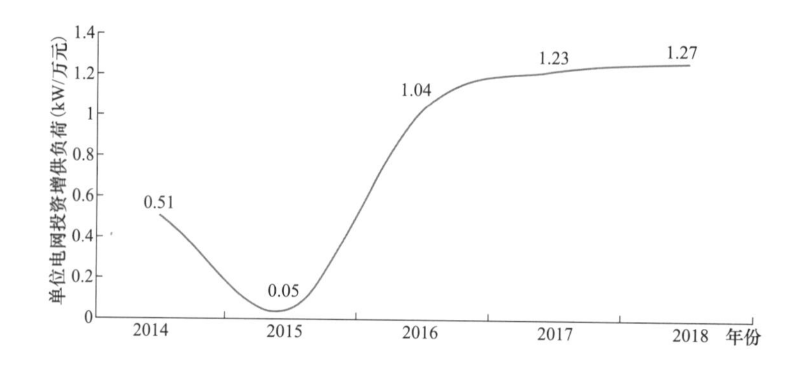

图 2-18　2014—2018 年全国单位电网投资增供负荷

数据来源：中国电力企业联合会，2018 全国电力统计基本数据一览表；
国家电网有限公司，2018 年电网发展诊断分析报告。

（二）网荷协调性

中国电网发展基本满足用电负荷增长需求，源荷总体协调。2018 年，国家电网有限公司经营区 35kV 及以上线路长度、变电容量、接入装机容量增速分别为 5.3%、6.5% 和 7.3%，售电量和最高用电负荷增速分别为 7.7% 和 4.9%，供需之间增速相差在 2.5 个百分点之内，如图 2-19 所示。

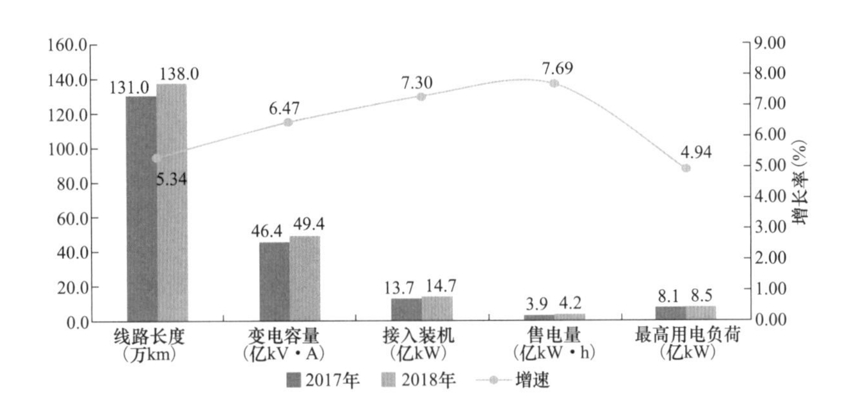

图 2-19 2017—2018 年国家电网区域内电网和负荷增速情况

数据来源：国家电网有限公司，2018 年电网发展诊断分析报告。

（三）网源协调性

电源和电网增长基本同步，网源总体协调。2017—2018 年，全国 220kV 及以上电网线路长度、变电容量增速以及发电量和装机容量变化情况如图 2-20 所示。全国 220kV 及以上电网线路长度增速为 7.0%，变电容量增速为 6.2%。装机容量、发电量增速分别为 6.5%、8.4%，发电、输电两者增速相差 2.2 个百分点。新增规模对应的变电容量与装机比为 2.02，与规划导则容载比相当。

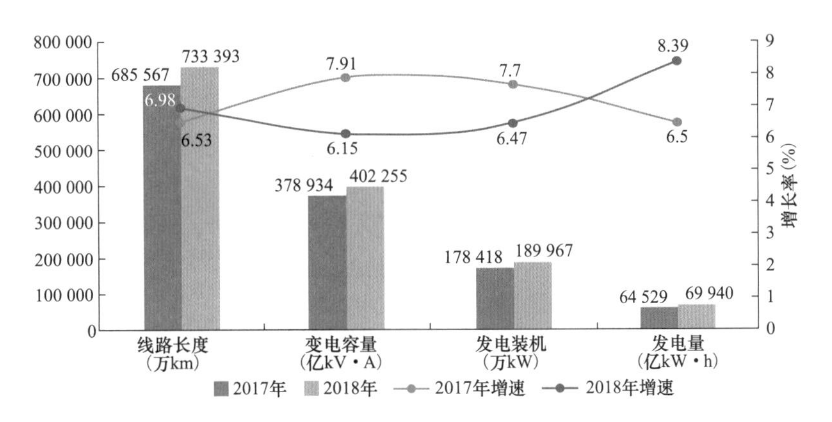

图 2-20 2017—2018 年 220kV 及以上电网和电源增速情况

数据来源：中国电力企业联合会，2018 全国电力工业统计快报；

国家电网有限公司，2018 年电网发展诊断分析报告。

2.2.3 网架结构

（一）国内电网网架形态概述

目前，除台湾地区外，中国电网基本实现了全国电网互联。除华北电网和华中电网采用交流互联实现同步电网，其余大区之间（华北－华东、华北－东北、华北－西北、华中－华东、华中－西北、西北－西南、西南－华东、华中－南方）均以直流异步互联，如图 2－21 所示。

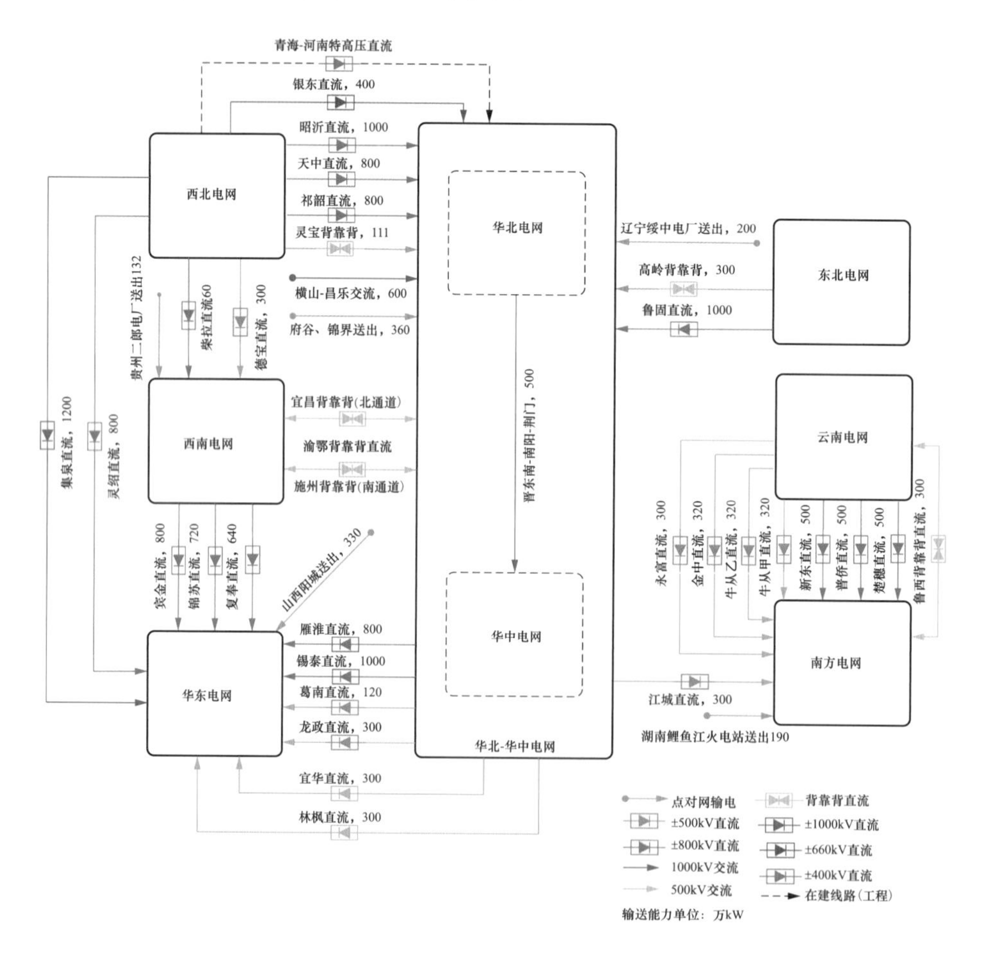

图 2－21　中国七个区域或省级同步电网互联示意图[1]

[1] 蒙西电网与华北电网统一调度，在图中未区分体现。

2019年7月，渝鄂±420kV背靠背柔性直流输电工程北通道顺利投运，标志着该工程全面投运。西南电网和华中电网由同步联网转为背靠背异步互联，渝鄂断面送电能力从260万kW提高至440万kW，丰水期可扩大四川水电外送规模，有效缓解四川弃水压力；枯水期重庆可接受华中电力，提高了西南电网与华中电网间的互济能力。

（二）特高压网架形态

截至2019年10月，中国在运特高压线路达到“九交十四直”。其中，国家电网经营区“九交十一直”，南方电网经营区“三直”，如表2-3所示。

特高压直流通道：起点于北部地区的“八纵”特高压直流，起点于西南地区的“六横”特高压直流，落点于中东部地区，构成“八纵六横”共14条特高压直流输电通道。

特高压交流电网：华北电网形成“两横一纵”1000kV区域交流主网架；华东电网围绕长三角地区形成1000kV交流环网，并向南延伸至福建；华北-华中通过1000kV长治-南阳-荆门线路与华北电网相联。

表2-3 已投运的特高压工程（截至2019年10月）

序号	电压等级及性质	工程起落点	开工日期	投运日期	类别
1	1000kV特高压交流	长治-南阳-荆门	2006年8月	2009年1月	交流
2	1000kV特高压交流	淮南-芜湖-安吉-练塘	2011年10月	2013年9月	
3	1000kV特高压交流	安吉-兰江-莲都-榕城	2013年4月	2014年12月	
4	1000kV特高压交流	锡盟-廊坊-海河-泉城	2014年11月	2016年7月	
5	1000kV特高压交流	淮南-盱眙-泰州-东吴-练塘	2014年7月	2016年11月	
6	1000kV特高压交流	鄂尔多斯-北岳-保定-海河	2015年3月	2016年11月	
7	1000kV特高压交流	锡盟-胜利	2016年4月	2017年7月	
8	1000kV特高压交流	横山-洪善-邢台-泉城-昌乐	2015年5月	2017年8月	
9	1000kV特高压交流	雄安-石家庄	2018年3月	2019年6月	
10	1000kV特高压交流	苏通GIL综合管廊工程*	2014年7月	2019年9月	

续表

序号	电压等级及性质	工程起落点	开工日期	投运日期	类别
11	±800kV 特高压直流	云南 - 广州	2006 年 12 月	2010 年 6 月	直流
12	±800kV 特高压直流	复龙 - 奉贤	2008 年 12 月	2010 年 7 月	
13	±800kV 特高压直流	锦屏 - 苏州	2009 年 12 月	2012 年 12 月	
14	±800kV 特高压直流	云南普洱 - 广东江门	2011 年 12 月	2013 年 9 月	
15	±800kV 特高压直流	天山 - 中州	2012 年 5 月	2014 年 1 月	
16	±800kV 特高压直流	宜宾 - 金华	2012 年 7 月	2014 年 7 月	
17	±800kV 特高压直流	灵州 - 绍兴	2014 年 11 月	2016 年 8 月	
18	±800kV 特高压直流	祁连 - 韶山	2015 年 6 月	2017 年 6 月	
19	±800kV 特高压直流	雁门关 - 淮安	2015 年 6 月	2017 年 6 月	
20	±800kV 特高压直流	锡盟 - 泰州	2015 年 12 月	2017 年 10 月	
21	±800kV 特高压直流	扎鲁特 - 广固	2016 年 8 月	2017 年 12 月	
22	±800kV 特高压直流	伊克昭 - 沂南	2015 年 12 月	2017 年 12 月	
23	±800kV 特高压直流	滇西北 - 广东	2016 年 4 月	2018 年 5 月	
24	±1100kV 特高压直流	昌吉 - 古泉	2016 年 6 月	2019 年 9 月	

* 苏通 GIL 综合管廊工程是淮南 - 南京 - 上海工程的组成部分。

延伸阅读——2018 年以来投运和开工的重点工程概况

1）渝鄂直流背靠背联网工程。

渝鄂直流背靠背联网工程于 2016 年 12 月获国家发展改革委核准，工程投资 64.9 亿元，于 2017 年 5 月 25 日开工建设。该工程分为南北两个通道，在位于渝鄂断面九盘 - 龙泉、张家坝 - 恩施 500kV 输电通道上，分别新建宜昌、恩施 2 座柔性直流背靠背换流站，每座换流站建设 2×125 万 kW 柔性直流换流单元。渝鄂直流背靠背联网工程全面投运后，通过 2 座背靠背换流站，川渝断面双向输电能力大幅提升；同时，将解决川渝和湖北、湖南、河南、江西之间500kV跨区长链式电网存在的稳定问题，优化电网安全稳定控制策略，提高电网运行的灵活性和可靠性。

2）苏通GIL综合管廊工程。

苏通GIL综合管廊工程是世界上首次在重要输电通道中采用特高压GIL技术，是目前世界上电压等级最高、输送容量最大、技术水平最高的超长距离GIL创新工程。工程是淮南-南京-上海1000kV特高压交流工程的组成部分之一，工程起于北岸（南通）引接站，止于南岸（苏州）引接站，GIL管线总长近35km。工程在世界率先采用了特高压GIL输电全套技术，为跨江、跨海和人口密集地区的先进紧凑型输电储备了技术。工程投运以后，华东特高压交流环网将实现合环运行，华东电网受电能力大幅提升，每年可以减少发电用煤1.7亿t，减排二氧化碳3.1亿t，显著改善华东地区环境质量。

3）青海-河南±800kV特高压直流工程。

2018年11月7日，青海-河南±800kV特高压直流工程正式开工建设，该工程是全国乃至全世界第一条专为清洁能源外送而建设的特高压通道。工程主要输送青海、甘肃两省的风能、光伏、光热、水电等可再生能源，同时，该工程是青海首条特高压外送通道，预计2020年7月建成投产。

工程起于青海省海南藏族自治州境内，途经青海、甘肃、陕西、湖北、河南5省，止于河南驻马店，输电电压为±800kV，输送容量为800万kW，年输送电量可达400亿kW·h以上。全线总长约为1578.5km，计划2018年开工建设，2020年建成投运，总投资约为226亿元。根据前期预可研，工程送端换流站将接入750kV交流系统，受端换流站将接入500kV交流系统。

（三）区域电网网架形态

（1）华北电网。

2018年以来，华北电网网架总体变化情况如下：

通过在各省、市（区）建设网架配套工程，进一步加强网架结构，提高供电可靠性，满足新增负荷需要。

一是建成雄安-石家庄1000kV交流特高压输变电工程，促进京津冀协同发展和雄安新区建设。在京津冀鲁地区构建了世界上首个特高压交流双环网，为雄安新区提供可靠能源保障、实现100%清洁能源供应奠定了坚实基础。

二是完善区域网架结构，满足负荷增长需求。天津电网建成正德500kV输变电工程，满足天津“煤改电”激增的电力需求，是构成天津地区500kV“目”字形网架的重要组成部分，也是天津双环网建设的关键节点。河北南网建成500kV冶陶变电站，有效缓解邯郸西部电网供电压力，形成邯郸地区500kV环网网架，供电能力和智能化水平大幅提升。山东电网建设垦东500kV输变电工程，进一步加强山东电网结构，有效满足东营市尤其是黄河以南片区负荷快速增长的需要；建设儒林500kV输变电工程，缓解济宁东部曲阜、邹城两市以及泗水西部、兖州东部负荷增长的压力。

延伸阅读——华北电网部分重点工程

1）雄安-石家庄1000kV交流特高压输变电工程。

雄安-石家庄1000kV交流特高压工程是服务京津冀协同发展、雄安新区建设的国家重点工程，2017年7月获得核准，2018年3月开工建设，2019年6月建成投运。工程新建输电线路2×222.6km，途经保定、衡水、辛集、邢台4市12县（市、区），扩建北京西、石家庄特高压变电站，总投资34.4亿元。

工程投运后，与已建成的锡盟-山东、蒙西-天津南、榆横-潍坊等特高压工程共同构成华北电网特高压交流环网，为西北及张北地区风力发电、太阳能发电等清洁能源进入京津冀鲁负荷中心提供多向通道，大大增强京津冀鲁地区消纳清洁能源的能力，为助力打赢“蓝天保卫战”，实现“零碳奥运”和支撑“煤改电”冬季清洁取暖，提升国家骨干电网运行管理水平和保障国家能源安全具有十分重要的意义和作用。

2）天津正德500kV输变电工程。

天津正德500kV输变电工程是天津电力“1001工程”的标志性项目，是完善天津500kV网架结构、提升天津电网安全稳定运行水平的重点工程。本期建设投产120万kV·A主变压器2组、500kV进出线2回，分别为北郊1回、吴庄1回，220kV出线10回。

该项目是天津地区500kV“目”字形网架的重要组成部分，是天津双环网建设的关键节点。工程投产后，进一步完善了天津500kV电网网架结构，形成覆盖全市负荷中心和主要电源点的双环网结构，形成多方向、多通道受电格局，为天津经济发展提供了安全、清洁、经济、高效的电力能源保障。

（2）东北电网。

2018年以来，东北电网网架总体变化情况如下：

通过在各省（区）加强网架配套工程建设，提高外送通道输送能力，加强新能源消纳，增强供电可靠性和稳定性。

一是优化区域网架，为电力外送汇集电源。在蒙东，建设锡盟换流站500kV配套工程，满足锡盟特高压换流站和变电站的联络需求，增强特高压电力输送能力；建设内蒙古华润、京能五间房电厂500kV送出工程，满足特高压汇集送出需求；建设伊敏－兴安盟－乌兰浩特500kV输变电工程，增加呼盟外送通道，降低地区单运风险，实现呼盟与兴安500kV互联，提升电力互供互济能力。在吉林，建设兴安－扎鲁特500kV输变电工程（吉林段），实现兴安电网首次与特高压电网互联，提供可靠的电力汇集通道，有效缓解电力外送困难；在黑龙江建设华民500kV变电站，增强黑龙江省和内蒙古呼伦贝尔地区的电力外送能力。

二是补强局部网架，满足负荷发展需求。在辽宁，建设盛京升压500kV输变电工程，为辽中地区新增220kV变电站接网提供接入点，满足新增负荷发展需要，保证沈阳电网安全稳定运行。建设吉林中部500kV电网完善工程，加强了吉林地区主网架结构，降低地区短路电流水平，满足吉林中部地区负荷发展，提高地区供电可靠性。在黑龙江，建设五家－国富500kV输变电工程，作为黑龙江省西部500kV冯屯－齐南－庆南－哈尔滨环网工程的重要组成部分。形成齐齐哈尔－大庆－哈尔滨500kV环网，进一步优化黑龙江西部网架结构。在蒙东，建设内蒙古通辽－扎哈淖尔500kV输变电工程，改善霍林河地区电网结构，满足电力负荷发展需要。

延伸阅读——东北电网部分重点工程

1）蒙东伊敏－兴安盟－乌兰浩特500kV输变电工程。

2018年1月，蒙东伊敏－兴安盟－乌兰浩特输变电工程500kV输变电工程顺利投运。该工程输电线路途经内蒙古自治区呼伦贝尔市鄂温克族自治旗、新巴尔虎左旗、兴安盟阿尔山市、科尔沁右翼前旗、乌兰浩特市。新建伊敏换流站－乌兰浩特变电站双回500kV线路，将呼伦贝尔交流系统的外送极限调高到300万kW。伊敏至兴安开关站（明水）至乌兰浩特、乌兰浩特至科尔沁线路长度分别为414km和305km，兴安盟境内总计约为470km，线路采用两个单回路输电方式，兴安开关站按2台750MVA主变压器预留，设计500kV出线6回和220kV出线14回；工程总造价约为35.8亿元。

该工程的顺利投运，将解开呼伦贝尔与东北主网220kV侧的电气联系，呼伦贝尔电网将仅通过伊敏电厂-冯屯变电站双回500kV线路与东北主网联系，满足呼伦贝尔盈余电力外送的需要，保障直流故障方式下系统的安全稳定运行，增强呼伦贝尔电网网架结构，推动兴安盟经济的可持续发展。该输变电工程是蒙东电网"十二五"主网架结构的重要组成部分，在蒙东电网中具有十分重要的地位和作用。

2）吉林兴安-扎鲁特500kV输变电工程。

2018年5月末，兴安-扎鲁特500kV输变电工程（吉林段）竣工投产。扎鲁特至兴安500kV输变电工程1、2号线，自兴安500kV变电站至特高压±800kV扎鲁特换流站，全长181km。

该工程线路途经兴安乌兰浩特市、科右前旗、吉林省洮南市、兴安盟突泉县、科右中旗、通辽市扎鲁特旗。扩建3回500kV出线至扎鲁特换流站，每回新增的500kV出线各装设一组150Mvar高压并联电抗器，通过与蒙东地区及吉林地区500kV电网的电气联系汇集1000万kW电力集中送至负荷中心消纳。

该工程为扎鲁特-青州±800kV特高压工程提供可靠的电力汇集通道和电力供应。同时，蒙东地区盈余电力可直接送至辽宁和山东，进一步提高蒙东地区盈余电力外送能力，有效缓解电力外送难的问题，增强能源配置效率。该工程的建设将加强兴安地区与通辽地区的电气联系，坚强电网结构，加强电网可靠性。

3）黑龙江500kV五家-国富输变电工程。

2018年1月，黑龙江500kV变电站-国富变电站一次送电成功，正式投入运行。该站是黑龙江西部500kV冯屯-齐南-庆南-哈尔滨双环网工程的重要组成部分，于2016年2月开工建设。该工程主要包括在大庆市西南部新建500kV国富智能变电站，在哈尔滨市西南部新建500kV五家智能变电站，各装设2台100万kV·A主变压器，新建国富站-五家站500kV双回线路，线路亘长为149.548km，同步将500kV松北站-哈南站Ⅰ、Ⅱ回线路接入五家站，线路长度为14.9km。

500kV五家-国富输变电工程的建成投运，增强了黑龙江西部电网与中部电网之间输电通道的稳定水平，明显改善了地区电网结构。在承担哈尔滨城区西部负荷、大庆东部负荷的基础上，有效缓解了500kV哈南变电站和大庆变电站的压力，进一步提升了全省中部电网的供电可靠性和省网外送能力。同时，500kV五家变电站兼顾了东北特高压电网规划，为特高压提供合理支撑与落脚点，对促进区域经济社会发展，振兴东北工业基地等也具有重要意义。

（3）华东电网。

2018年以来，华东电网网架总体变化情况如下：

一是建设电源送出配套工程，提升受端电力消纳水平。建成准东-华东（皖南）±1100kV特高压直流换流站配套工程，解决了准东直流向1000、500kV电网层面电力疏散问题。建成晋北-南京±800kV直流受端配套500kV送出工程，建设巢湖电厂二期500kV送出工程，解决电厂送出、特高压直流电力消纳等问题。

二是建设网架配套工程，提升电网稳定性。建设上海虹杨500kV输变电工程，优化了市区220kV电网，控制了220kV电网短路电流水平，提高了电网供电可靠性；建设苏州石牌变电站500kV高压串联电抗器工程，解决500kV短路电流超标问题；建设苏州南部电网动态无功加强工程，提升多直流馈入受端电网电压稳定特性；建设泰州、南京换流站调相机工程，提升两地多直流馈入受端电网电压稳定特性。

三是优化电网网架结构，满足负荷增长需求。江苏新建秋藤、如东500kV

输变电工程，满足南京、南通地区新增负荷需求；建设500kV沿海通道加强工程，完善了苏北沿海500kV主网架；浙江新建舟山500kV联网输变电工程，为舟山群岛新区的发展提供强劲的支撑；建设500kV钱江-乔司输变电工程，有效优化杭州主网网架，解决随着杭州城市东扩带来的乔司变电站供电不足问题；安徽新建亳州伯阳500kV输变电工程，彻底解决亳州地区供电能力不足问题；完成安徽合肥长临河500kV变电站2、3号主变压器改造工程，彻底解决长临河供电区500kV供电能力不足问题。

延伸阅读——华东电网部分重点工程

1）上海500kV虹杨输变电工程。

2018年1月，全国首座智能型全地下变电站500kV虹杨输变电工程顺利投运，工程从2000年开始项目的可行性研究，历经17年，终于作为上海市重点工程，也是重要的民生工程，画上圆满的句号。

虹杨变电站是全国首座智能型全地下变电站，位于上海逸仙路高架东侧、三门路南侧，500kV变电站与非居住建筑相结合也是业内首创。项目极大地改善了上海北部电网相对薄弱的电网结构，简化了中心城区的电网结构，为中心城区终端变电站采用不同方向的电源供电创造了条件。

2）浙江舟山500kV联网输变电工程。

2019年6月，宁波500kV威远变电站至舟山500kV洛迦变电站洛远5498输电线路正式通电，标志着舟山500kV联网工程第二回输电线路工程竣工投运。

舟山500kV联网输变电工程第二回输电线路起于宁波镇海威远变电站，止于舟山洛迦变电站，全长为50.155km，其中，500kV海底电缆为16.8km，新建架空线路全长为33.355km，创下了建设世界最高输电高塔、敷设世界首条500kV交联聚乙烯海缆等14项世界纪录。新建的500kV输变电工程电力输送能力是现有220kV联网工程的3.3倍，进一步提升了舟山电网抵御自然灾害的能力和电网安全稳定水平。

据预测，2020年舟山最高用电负荷预计约为200万kW，远景饱和负荷达到478万kW左右。舟山500kV联网工程的正式竣工，能满足舟山群岛新区和舟山自贸区的经济增长用电需求，对服务国家能源战略，促进绿色可持续发展具有重要意义。

（4）华中电网。

2018年以来，华中电网网架总体变化情况如下：

一是优化电网网架结构，满足地区新增负荷要求。其中，建设仙桃500kV输变电工程，改善了地区220kV电网结构，消除了兴袁双回、兴沔断面由于同杆线路故障造成较大事故的隐患，提升了荆州江北东部片区500kV供电能力；建设湖南星城-株洲南（古亭）Ⅱ回500kV输变电工程，满足湖南株洲河西城区负荷发展需求，且加强了株洲电网结构，提高株洲电网供电可靠性；完成河南500kV嵖岈变电站、浉河变电站第三台主变压器扩建工程，满足了驻马店、信阳供电区新增负荷用电需求，解决了两地供电区网架薄弱、供电能力不足的问题；建设河南新乡北500kV输变电工程，满足了新乡供电区负荷用电需求，提升了500kV获嘉至500kV朝歌变电站的输电能力；建设鹤壁变电站、漯河西500kV输变电工程，解决了鹤壁、漯河供电区网架薄弱、供电能力不足问题，提升了500kV洹安至500kV冀州变电站的输电能力。江西建设500kV厚田输变电工程，满足南昌地区负荷快速增长需要，有效强化江西电网网架结构。

二是建设电源送出工程，满足电源送出需要。河南丹河电厂2×100万kW机组500kV送出工程建成投产，提高了500kV通道的输送能力，解决了河南丹河电厂送出问题。

延伸阅读——华中电网部分重点工程

1）湖北仙桃500kV输变电工程。

2018年3月22日，仙桃市首座500kV智能变电站1号主变压器经3次冲击合闸试验成功，标志着仙桃500kV输变电工程圆满竣工，结束了该市长期缺乏500kV电源点支撑的历史，仙桃电网实现了由受端型电网向送端型电网的历史跨越。

该工程总投资7.99亿元，于2016年6月动工建设，线路起于江陵站，止于兴隆站，全长112km。

工程建成投运后，有效提升了荆州江北东部片区500kV供电能力，满足了新增负荷的用电需求，缓解了500kV兴隆变电站供电压力，变电最大负载率由2017年的75%下降到41%，改善了地区220kV电网结构，消除了兴袁双回、兴沔断面由于同杆线路故障造成较大事故的隐患，极大提升电网供电可靠性。

2）湖南星城-株洲南（古亭）Ⅱ回500kV输变电工程。

2018年6月，湖南星城-株洲南（古亭）Ⅱ回500kV输变电工程全线投运。该工程从500kV星城变电站至500kV古亭变电站，线路全长63.2km，共有铁塔162基，全线位于长沙市和株洲市内，途径7个县（市、区）。

湖南星城-株洲南（古亭）Ⅱ回500kV输变电工程是长沙电网“630攻坚”的重点项目，也是湖南目前电压等级最高、线路长度最长、跨越行政区最多、交叉跨越最复杂的线路工程。

工程投运后，满足了湖南株洲河西城区负荷发展需求，进一步加强了株洲电网结构，提高了株洲电网供电可靠性；同时也增强了湖南500kV电网南北联络通道供电能力，提高电网的安全稳定水平。

3）江西 500kV 厚田输变电工程。

江西 500kV 厚田输变电工程是 2019 年江西省首个投运的 500kV 输变电工程，包括变电站工程和输电线路工程。本期新建 10 亿 kV·A 主变压器 2 组，500、220kV 设备分别采用混合气体绝缘开关设备（HGIS）和气体绝缘开关（GIS）组合电器并布置在户外，总建筑面积为 $959m^2$，输电线路长度共计 103km。

工程投运后，将有效缓解南昌电网在九龙湖片区和红谷滩新区的供电压力，为用电高峰期电网安全稳定运行提供有力支撑。同时，该工程的建成投运也将加强江西电网网架结构，提升江西电网供电能力，保障江西经济社会发展用电需求。

（5）西南电网。

2018 年以来，西南电网网架总体变化情况如下：

一是增加外送通道，提升清洁能源消纳能力。建设四川雅安 500kV 送出加强工程，四川蜀州 - 丹景 500kV 输变电工程，进一步强化康定、雅安地区水电外送，新增多条清洁能源消纳通道，为四川电网迎峰度夏提供有力支撑；建设藏中联网 500kV 林芝、波密、芒康变电站，优化网架结构，有效促进西藏水、风、光清洁能源开发，实施藏电外送，对推动西藏经济社会发展，实现西藏资源优势向经济优势转变具有重要意义。

二是加强重点变电站布局，满足新增负荷需求。建设四川 500kV 诗城变电站、500kV 尖山变电站，满足成都城南片区电力负荷发展需要，缓解诗城、尖山 500kV 变电站下网潮流压力，提高电网供电能力；建设重庆明月山 500kV 变电站、重庆铜梁 500kV 变电站，解决两江新区、板桥地区及周边区域供电紧张局面，消除两江新区、渝北、龙盛片区负荷发展隐患，提供更加可靠的电力保障。

延伸阅读——西南电网部分重点工程

1）藏中电力联网工程。

2018年11月，世界上平均海拔最高、施工条件最复杂的超高压电网工程——藏中电力联网工程建成投运。这是继青藏电力联网、川藏电力联网工程之后，雪域高原再添的一条电力天路。工程总投资约162亿元，穿越世界上地质结构最复杂、地质最不稳定的“三江”断裂带和横断山脉核心地带，跨越澜沧江、怒江、雅鲁藏布江10余次。整个沿线处于低压、缺氧、严寒、大风、强辐射区域，平均作业海拔超过4000m，打破了现有电网工程建设运行的多项纪录。

藏中电网覆盖的拉萨、日喀则、山南、那曲和林芝等地区，是西藏电网的主要负荷中心。藏中电力联网工程由西藏藏中和昌都电网联网工程、川藏铁路拉萨至林芝段供电工程组成，起于西藏昌都市芒康县，止于山南市桑日县，跨越西藏三地市十区县，藏中电力联网工程投运后可有效解决“十三五”期间藏中缺电问题。占林芝市面积约70%的墨脱县、波密县和察隅县，将纳入主电网覆盖范围，这些地区孤网运行、电压不稳的状况将极大改善。

藏中联网工程的顺利投运不仅标志着西藏地区500kV主网架的初步形成、西藏电网的跨越式发展、迈入超高压时代，也有力解决了西藏电网“一大两小”与“大机小网”问题，丰富了清洁能源外送，保障川藏铁路、滇藏铁路的供电需要。

2）四川500kV雅安送出加强工程。

2019年6月，随着雅安Ⅱ-资阳500kV双回路工程N408-N418防线区段结尾导线固锚，500kV雅安送出加强工程全线贯通。

500kV雅安送出加强工程主要包括两部分：一是变电工程，新建500kV

开关站（位于雅安芦山县）1座；二是线路工程，新建500kV线路480km。工程途经雅安、眉山、乐山、内江、资阳5市12区，在无人区建设塔位共计25基，建设12条主索道、9条支线索道。

项目建成投运后，提高川电外送能力300万kW，年新增外送电量100亿kW·h，有效解决甘孜、雅安断面水电外送瓶颈。该工程的落实推动了高质量发展清洁能源，有效解决清洁能源消纳问题，对扩大清洁能源配置，优化网架结构，进一步提高川电外送能力具有重要意义。

3）重庆明月山500kV变电站。

2019年6月6日，重庆明月山500kV变电站一次性带电投运成功。

重庆明月山500kV变电站坐落于重庆市渝北区龙兴镇，位于重庆发展重点两江新区南部，负荷发展潜力巨大。该工程本期投运2组变压器，额定容量均为1000MV·A，线路工程位于长寿、渝北境内，新建铁塔86基，新建线路77.5km。

该工程投运后，有效解决两江新区及周边供电紧张的局面，消除两江新区、渝北、龙盛片区负荷发展隐患，为两江新区及周边区域经济可持续发展提供更加可靠的电力保障，同时为规划220kV变电站提供更多接入点，进一步提高供电可靠性。

（6）西北电网。

2018年以来，西北电网网架总体变化情况如下：

一是加强外送通道建设，满足能源外送需求。建成±1100kV吉泉特高压直流输电工程，确保吉泉外送电量送出，满足华东电力增长需要。建设宁夏沙湖－上海庙750kV输电线路，为上海庙－山东±800kV特高压直流输电工程提供送端交流网架支撑，成为西北电力重要外送通道之一；建设新疆国信准东、信友奇台电厂750kV送出工程，新疆哈密－吐鲁番750kV线路改接工程，新疆兵团瑞虹500kV送出工程，加强天山换流站与新疆主网的电气联系，为“疆电外送”提供有力支撑。

二是优化区域网架，支撑能源基地建设。建设青海海西至主网输电通道能力提升工程，提升海西至主网输电通道能力70%，解决海西地区电力外送受限问题；建设甘肃750kV青海官亭至兰州东输变电工程，使甘肃电网与陕西、青海、宁夏、新疆实现互联互通，推动西北750kV骨干网架建设；建设陕西定靖、西安北750kV变电站，解决榆林地区新能源电力送出问题，完善优化陕北电网网架结构。建设陕西富县750kV开关站，将陕西750kV网架结构由“一纵单环”变至“两纵双环”，提升陕北至关中断面送电能力，支撑陕西能源发展战略布局。

延伸阅读——西北电网部分重点工程

1）±1100kV吉泉特高压直流输电工程。

2018年12月，世界电压等级最高的输电工程新疆昌吉淮东至安徽古泉±1100kV特高压直流输电工程正式投运。

±1100kV吉泉特高压直流输电工程是目前世界上电压等级最高、输送容量最大、送电距离最远、技术水平最先进的特高压直流输电工程。横跨新疆、甘肃、宁夏、陕西、河南、安徽6省区，输送距离为3293.1km，输电容量为1200万kW。工程满负荷投运后，每年雨季向华东地区输送电量660亿kW•h，可供华东5000万家庭电力需求。

该工程投运后将推动西部地区能源基地的火电、风电、太阳能发电大规模外送，缓解新疆电能供需矛盾，促进新疆能源产业健康发展，保障华东电力的可靠供应，是国家电网在特高压领域持续创新的里程碑。

2）750kV青海官亭至兰州东输变电工程。

2018年9月，国家电网重点建设工程，750kV青海官亭至兰州东Ⅱ回线路顺利完成试运行，750kV 青海官亭至兰州东输变电工程正式投运。

该工程是西北 750kV 主网架的重要组成部分，西起青海省民和县官亭变电站，东至甘肃省榆中县兰州东变电站，线路总长为 145.1km，新建 750kV 变电站两座，主变压器容量均为 150 万 kV·A。

该工程是中国自主设计、自主建设、自助调试、自主运行管理的具有世界先进水平的超高压输变电工程，世界相同电压等级海拔最高的输变电工程。该工程填补了中国输变电线路 500kV 以上电压等级的空白，标志着中国电网技术跨入世界先进行列。

（7）南方电网。

2018 年以来，南方电网网架总体变化情况如下：

一是继续优化“西电东送”输电通道，缓解东部用电困局。滇西北－广东 ±800kV 特高压直流输电工程的建成投运，满足了南方区域经济协调发展的用电需求，优化了东西部资源配置，改善了电网网架结构，保证西电东送电能的“落地”，为粤港澳大湾区建设提供源源不断的清洁电能。

二是进一步优化电网结构，提升区域网架水平。建成惠州 500kV 演达变电站，改善了惠州中西部网架结构，提高电网供电可靠性，为粤东新增电源接入提供条件，保证粤东地区电力外送；建成广西 500kV 金陵输变电工程，大幅增强广西电网南北断面输送能力和电网调峰能力，将为广西经济社会高质量发展及县域经济跨越发展提供有力支撑；新建南方主网与海南电网 2 回联网工程，降低海南岛“大机小网”电网安全风险，进一步缓解海南用电紧张的局面。

三是加强电网建设，满足负荷快速增长需求。建成揭阳岐山 500kV 输变电工程，有效加强揭阳电网网架结构，提高供电能力和供电可靠性；新建 500kV 福博线路工程，有效满足惠州及东莞部分区域的用电需求，保障该地区供电安全与可靠性；建成遵义诗乡－铜仁碧江 500kV 输电线路工程，满足贵州东部电网负荷发展的需要、缓解贵州电网中部横向送电通道的供电压力；新建保山-永昌（兰城）500kV输变电工程，改善滇西地区220kV电网结构，满足保山负荷发展需要，提高保山电网供电可靠性。

延伸阅读——南方电网部分重点工程

1）滇西北-广东±800kV特高压直流输电工程。

滇西北-广东±800kV特高压直流输电工程是落实国务院“大气污染防治行动计划”的重点输电通道之一，也是国务院保证经济“稳增长”重点工程。直流送端西起云南省大理州剑川县，途经云南、贵州、广西、广东4省区、53个县区，东至广东省深圳市宝安区，线路全长约为1953km，额定电压为800kV，输送容量为500万kW，是西电东送主网架海拔最高、线路最长的大通道，也是西电东送首个落点深圳的特高压直流工程。

作为大气污染防治行动计划重点输电通道，滇西北-广东±800kV特高压直流输电工程建设不仅可提高西部澜沧江上游电能外送能力，还可缓解珠三角地区环境污染问题，有力促进转变经济发展方式，推进低碳经济发展。该工程投产，按每年送电约200亿kW·h计算，珠三角地区每年可减少煤炭消耗640万t、二氧化碳排放量1600万t、二氧化硫排放量12.3万t，可有效缓解珠三角地区环境压力，促进地区经济持续健康发展。

2）南方主网与海南电网2回联网工程。

2019年6月，南方主网与海南电网2回联网工程正式投运，海南岛与大陆形成了两条海底电力大通道，进一步增强海南电网的安全可靠性，为海南自由贸易试验区和中国特色自由贸易港建设提供坚强的电力支撑。

该工程是中国第二个500kV超高压、长距离、大容量的跨海电力联网工程。在琼州海峡平行敷设了4根500kV海底电缆，单根电缆直径达到了14cm，长度约为32km，中间没有任何接头，这也是目前世界上单根最长的500kV交流海底电缆。

该工程将为海南新增60万kW的送电规模，加上2009年投运的海南联网1回工程，两条海底电力大通道的送电规模达到了120万kW，相当于2018年海南全省最大用电负荷的1/4。工程建成投运将有利于昌江核电机组充分发挥效益作用，在降低海南岛“大机小网”电网安全风险的同时，进一步缓解当前海南用电紧张的局面。

（四）跨境互联电网形态

中国已与俄罗斯、蒙古、吉尔吉斯斯坦、朝鲜、缅甸、越南、老挝7个国家实现了电力互联及边贸。

中俄跨境线路包含1回500kV线路及1回背靠背、2回220kV线路、2回110kV线路；中蒙跨境线路包含2回220kV线路、3回35kV线路、7回10kV线路；中吉跨境线路目前已停运；中朝跨境线路包含2回66kV线路；中缅跨境线路包含1回500kV线路、2回220kV线路、1回110kV线路、7回35kV线路、61回10kV线路；中越跨境线路包含3回220kV线路、4回110kV线路；中老跨境线路包含1回115kV线路、3回35kV线路、6回10kV线路。

2018年，中国暂无新增跨境电力联网项目投运，与周边国家电网互联规模合计约为260万kW，与周边国家进出口交易电量规模与往年基本持平。2018年中国从周边国家进口电量为47亿kW•h，出口电量为31亿kW•h。

2.2.4 配网发展

（一）世界一流城市配电网建设

2018年是国家电网公司建设世界一流城市配电网的攻坚之年。2017年4月印发《世界一流城市配电网建设工作方案》之后，国家电网有限公司围绕电网安全、清洁、协调、智能发展总体要求，在北京、上海、天津、青岛、南京、苏州、杭州、宁波、福州、厦门10座大型城市试点建设智能现代城市配电网。

各相关电力公司坚持“全面覆盖、双创驱动、统筹推进、差异实施”原则，着力提升配电网网架结构、设备技术、精益运维和智能互动服务水平，全面提高城市配电网可靠性和供电质量。国网山东省电力公司青岛供电公司于2018年全面竣工，为其他城市打造“安全可靠、优质高效、绿色低碳、智能互动”的世界一流城市配电网提供了参考。

安全可靠方面，采用成熟可靠、技术先进、自动化程度高的配电设备，建成坚强合理、灵活可靠、标准统一的配电网结构。10个城市2020年率先全面实现中低压配电网不停电作业，供电可靠性显著提升，A+、A、B、C、D类区域用户年平均停电时间分别不超过5min、26min、1h、3h和9h，供电可靠率分别达到99.999%、99.995%、99.989%、99.965%、99.897%。

优质高效方面，建成科学高效的配电网运营管控体系；加强经济运行管理，减少电能损耗，提高供电质量；贯彻全寿命周期管理理念，提高配电设备利用效率，实现资源优化配置和资产效率最优。A+、A、B、C、D类区域综合电压合格率分别达到100%、99.997%、99.98%、99.95%、99.90%，单位资产售电量达到国际先进水平。

绿色低碳方面，综合应用新技术，大幅提升城市配电网接纳分布式电源及多元化负荷的能力。注重节能降耗、节约资源，实现配电网与环境友好协调发展，清洁能源消纳率达100%。

智能互动方面，建成全覆盖的配电自动化系统和配电网智能化运维管控平台，推广应用新型智能配电变压器终端，提升设备状态管控力和运维管理穿透力，实现中低压配电网可观、可测。建立智能互动服务体系，满足个性化、多元化用电需求，提高供电服务品质，实现源网荷友好互动。

配电网建设重点如下。

一是构建坚强合理的网架结构。根据负荷预测，优化供电区域分类，因地制宜确定规划标准，提升互联率与转供转带能力，实施标准化建设，应用典型设计、标准物料，确保廊道、选址、建设一次到位，避免大拆大建。

二是推动配电网设备技术升级。按照设备全寿命周期管理要求，精简设备类型、优化设备序列、规范技术标准，推广应用“一体化、全绝缘、免维护、环保型”设备，实施差异化采购策略，健全质量管控体系，推动城市配电网装备向技术先进、品质优良、坚固耐用的中高端水平迈进。

三是提高配电网智能管控水平。深化以精益生产管理系统、新一代配电自动化系统、智能运维管控平台为主体架构的“两系统一平台”应用，积极应用自动化、智能化、现代信息通信等先进技术，满足各类供用电主体灵活接入、设备即插即用需要，增强配电网运行灵活性、自愈性和互动性。

四是提升配电网精益管理水平。聚焦客户需求，推进资源整合、组织优化、流程再造，以供电服务指挥平台建设为重点，推进营配调业务协调融合，构建“强前端、大后台”服务新体系。抓好基层班组建设，强化设备主人意识，提高配电专业管控力、穿透力和执行力，提升配电网建设改造、运行维护、设备检修、抢修服务、报装接电效率和效益，提高用户可靠供电水平。

延伸阅读——国网青岛供电公司世界一流城市配电网建设全面竣工

2018 年，国网青岛供电公司的 3131 项世界一流城市配电网建设工程全部竣工，圆满完成全年 1443.31km 中低压线路、2650 台配电变压器的建设改造任务。

2018 年，青岛全市配电网工程建设共计投资 18.07 亿元，是往年的 6.69 倍，是迄今为止国网青岛供电公司 10kV 及以下配电网投资水平最高的一年。尤其是 2018 年 10 月攻坚以来，要完成全年 55.41%的工程量。国网青岛供电公司组织市县 8 家配电网建设单位按单体工程全面梳理建设任务，逐项明确攻坚包保责任领导、责任人和竣工日期。按日编排里程碑计划，确立攻坚建设日报体系，管控深度达到每一项单体工程每天的工程量、作业方式、作业人员等。

2018年世界一流城市配电网攻坚建设，将青岛市配电网建设和运行水平提升到了新高度，全市联络率、配电自动化覆盖率均达到100%，$N-1$通过率达到76.01%，10kV线路平均供电半径和平均分段数分别达到3.68km、3.32段，新增配电变压器容量为86.6万kV·A，配电网运行方式更加安全可靠、灵活高效。

（二）城市电网可靠性提升工程

中国高度重视城市配电网发展，城市配电网供电能力、供电质量稳步提升。2018年全国平均供电可靠率为99.820%，同比上升了0.006个百分点；用户平均停电时间为15.75h/户，同比减少了0.52h/户，用户平均停电频率为3.28次/户，同比持平。为进一步提升城市配电网供电可靠性，提高城市配电网发展的效率和效益，推进能源互联网建设，加快推动城市配电网从单一供电向综合能源服务平台转变，国家电网有限公司编制了《城市电网可靠性提升规划（2018—2025年）》。

（1）规划目标。

到2025年，城网供电可靠率达到99.99%以上；综合电压合格率达到99.999%；标准化接线比例达到96%；10kV $N-1$通过率达到100%。

（2）重点工作。

1）提高供电能力，做好供电保障。

A+、A类供电区域，围绕城市发展定位和高可靠用电需求，统筹配置空间资源，加强与城市规划的协同力度，将电网规划成果纳入城市规划和土地利用规划，保障变电站站址和电力廊道落地，高起点、高标准建设配电网，提高供电可靠性和智能化水平。B、C类供电区域，按照功能定位，紧密跟踪经济增长热点，及时增加变（配）电容量，消除城镇用电瓶颈。

2）优化完善结构，明确目标网架。

合理划分变电站供电范围，各变电站供电区不交叉、不重叠，解决结构不清晰问题；推进“网格化”规划建设，科学构建标准统一的目标网架，加强中压线路站间联络，优化配置导线截面，合理设置中压线路分段点和联络点，满足负荷转供需求，解决无效联络问题，提高配电网转供能力。A+、A类供电区域，积极争取廊道资源，尽快形成双侧电源的链式结构，提高电网安全运行水平。加强中压线路站间联络，提高站间负荷转移能力，解决变电站全停时负荷转移问题；B、C类供电区域，根据负荷发展需求，降低高压配电网单线单变比例，逐步过渡到目标网架结构，提高 $N-1$ 通过率。

3）推进标准配置，提升装备水平。

全面应用典型设计和通用设备，新建和改造工程的标准物料应用率达到100%，进一步优化设备序列，精简设备类型，控制同一供电区域每类设备不超过3～5种，提升设备通用互换性，所选设备应通过入网检测；按照设备全寿命周期管理要求，逐步更换老旧设备，消除安全隐患，提高配电网安全性和经济性。选用技术先进、节能环保、环境友好型设备设施，提升设备本体智能化水平，推行功能一体化设备，加强对入网设备质量审查把关，提高设备可靠性。

4）提高自动化水平，实现可观可控。

合理制定配电网自动化建设与改造方案，一、二次协调发展，新建工程合理预留配电自动化终端和操作机构设备的接口和安装位置。合理采用“三遥”配电自动化终端和光纤通信方式，合理选用光纤、无线通信方式，提高运行控制水平，实现网络自愈重构，缩短故障停电恢复时间。

5）提升智能化水平，满足能源互联网发展需求。

紧密跟踪新能源电源规划及建设计划，及时安排配套电网工程同步或超前建设，优化网架结构，同时在新能源接入高压配电网时，做好电源接入的电能质量评估，并提出针对性的治理措施。根据电动汽车等多元化负荷的接入需求，明确其接入的电压等级要求与原则、接入系统的典型接线方式，优化所在区域电网网架结构。同步考虑配电网智能化发展，集成运用新技术，大力提升配电网自动化、信息化、互动化水平。试点建设能源互联网小镇，以能源互联网为基础，实现小镇运行数字化、基础设施互联化、能源服务智能化的新型智慧城市形态，打造成引领未来能源发展和未来城市方向的典范工程。到 2025 年，建成 100 个用户以上规模的综合能源园区 20 个，实现综合能源的安全可靠供给，综合能源系统的绿色高效运行，综合能源服务公司的经济可持续运营。

6）保障重大任务，加快重点城市电网建设。

统筹主网配电网，一、二次发展，做好各级规划衔接，以提升供电可靠性为目标，加快推进雄安新区等重点城市配电网建设，建成具备“安全可靠、优质高效、绿色低碳、智能互动”特征的现代城市配电网，主要指标达到国际先进水平，满足重要赛事、会议等电力保障需求。

（三）农村电网升级改造

2018 年 3 月，国家能源局正式印发通知，要求正式启动西藏、新疆南疆、四省（四川、云南、甘肃、青海）藏区以及四川凉山、云南怒江、甘肃临夏（以下简称“三区三州”）农网改造升级攻坚三年行动计划（2018—2020 年）的编制工作，估算出“三区三州”农网改造升级攻坚三年行动计划规划建设投资总需求，并制定建设资金筹措方案，明确资金来源。

2018—2020 年国家电网有限公司将投资 210 亿元，到 2020 年“三区两州”农网主要供电指标接近或达到国家规定的农网规划目标，全面推动“三区两州”农村电网提档升级，实现深度贫困地区人民由“用上电”向“用好电”转变。

2018 年，农村电网改造升级带动农村电力消费的效应明显，全国农村用电量达到2.46万亿kW·h，比2015年增长了30%，2015—2018年3年平均增长率为9%，与同期全社会用电量增速相比，高出3个百分点。

提前完成新一轮农网改造升级，既能够有效改善农村生产生活条件，又有利于扩大合理有效投资，将有力带动电工制造、钢铁有色、建筑安装、家用电器等产业发展，增加社会就业。根据统计，2016—2018年，国家电网有限公司完成农网投资4854亿元，经营区域内农村供电设施逐步改善，有力促进了电力消费增长。“十三五”前3年，国家电网经营区域内农网用电量快速增长，年均增速高出全网用电量增速2个百分点，2018年农网用电量已达到公司全口径用电量的46%，年均拉动GDP 0.24～0.26个百分点，每年新增26万个就业岗位。

2019年，国家电网有限公司将加快推进国家级贫困县电网改造升级，召开提前1年完成农村电网改造升级任务部署会，进一步明确任务，确保高质量完成新一轮农网改造升级，有效改善农村生产生活条件，促进农村经济社会发展，全力助推打赢脱贫攻坚战，为全面建成小康社会作出积极贡献。

2019年，国家电网投资1472亿元用于农网改造升级，新建和改造110kV和35kV线路1.8万km，变电容量为4640万kV·A；10kV及以下线路为43.8万km，配电变压器容量为4823万kV·A。

南方电网公司针对农网改造升级提出目标：2018年内实现智能电能表和低压集抄全覆盖，广东率先实现国家新一轮农网改造升级目标。2019年要以市为单位全部提前实现国家新一轮农网改造升级目标，“三区三州”等深度贫困地区也要一并达到国家要求，全面解决农村电网低电压、卡脖子等存量问题，显著提升农村地区供电能力和用电质量。2020年，进一步提升农村电网配电自动化水平和农村电网供电能力、用电质量，各县区全部实现国家新一轮农网改造升级目标，贫困地区供电服务水平基本达到本省区农村平均水平，建成安全可靠、结构合理、绿色高效、适度超前的农村配电网。

2.2.5 运行交易

（一）电网运行

截至2018年底，中国水电、风电、太阳能发电装机容量分别达到3.53亿、1.84亿和1.74亿kW，同比增长2.5%、12.4%和33.7%。清洁能源发电弃电量为268亿kW·h，同比下降35%，弃电率为5.8%，同比下降5.2个百分点，实现了“双降”目标。

（二）市场交易

2018年，全国电力市场交易电量为2.07万亿kW·h，同比增长26.5%，占全社会用电量的29.9%，比上年提高了4.2个百分点，市场交易电量占电网企业销售电量比重为37%。其中省内市场交易电量为1.69万亿kW·h，占全国市场交易电量的81.8%，省间（含跨区）市场交易电量合计为3471亿kW·h，占全国市场交易电量的16.8%。

2018年，国家电网有限公司经营区市场交易电量为15 674亿kW·h，占全国市场交易电量的75.9%，占本区全社会用电量的比例达到28.6%；南方电网公司经营区市场交易电量为3724亿kW·h，占全国市场交易电量的18%，占本区全社会用电量的比例达到32.3%；蒙西电网区域市场交易电量规模为1256亿kW·h，占全国市场交易电量的6.1%，占本区全社会用电量的45.3%。

分区域来看，华东、华北、南方区域市场交易电量规模分别为5628亿、4800亿和3724亿kW·h，占全国市场交易电量的比重分别为27.2%、23.2%和18.0%，合计占68.5%，超过2/3。华东、东北、南方区域的市场交易电量占本区全社会用电量的比重均超过30%，分别为33.7%、32.5%和32.3%。

分省来看，市场交易电量占本省份全社会用电量比重超过40%的省份有云南（50.7%）、辽宁（47.6%）、蒙西（45.3%）和江苏（43.4%）；电力市场交易电量规模超过1000亿kW•h的省份有江苏（2657亿kW•h）、广东（1805亿kW•h）、山东（1783亿kW•h）、浙江（1470亿kW•h）、蒙西（1256亿kW•h）、辽宁（1097亿kW•h）和河南（1080亿kW•h）；省间市场交易电量（外受电量）规模前三名的省份是江苏（601亿kW•h）、山东（520亿kW•h）和浙江（478亿kW•h）。

（三）电量交换

（1）跨区域电量交换。

2018年，全国跨区域电量交换（送出电量）规模达4771亿kW•h，同比增长12.7%，增速比上年提高0.6个百分点，占全社会用电量的6.9%。全国跨区域电量交换规模及同比增速如表2-4所示。

表2-4　　全国跨区域电量交换规模及同比增速

送端	受　端	送出电量（亿kW•h）	同比增速（%）
华北	华东、华中、西北、蒙古国	488	49.2
东北	华北	353	59.7
华中	华东、南方	612	2.7
西北	华北、华东、华中	1513	22.6
西南	华东	1010	-8.3
南方	西南、华中、香港、澳门	484	1.5
合计	—	4771	12.7

数据来源：中国电力企业联合会，中国电力行业年度发展报告2018；国家电网公司，2017社会责任报告。

（2）跨省电量交换。

2018年，全国跨省电量交换（送出电量）规模达12 951亿kW•h，占全社会用电量的18.8%，同比增长14.6%，增速比上年提高2个百分点。2018年全国跨省电量交换规模及同比增速如表2-5所示。

表 2-5 2018 年全国跨省电量交换规模及同比增速

区　域	送出电量（亿 kW·h）	同比增速（%）
河北	405	2.9
山西	948	13.7
内蒙古	1487	14.8
辽宁	302	-1.2
吉林	192	-7.8
浙江	189	25.4
安徽	646	16.4
湖北	459	10.9
四川	1318	3.0
贵州	493	1.2
云南	1052	6.6
陕西	229	8.7
宁夏	685	36.2
新疆	325	-9.7
甘肃	522	—

数据来源：中国电力企业联合会，中国电力行业年度发展报告 2018；国家电网公司，2017 社会责任报告。

（3）全国进出口电量。

2018 年，全国进出口电量（含香港、澳门）规模达 262 亿 kW·h，同比增长 1.6%。其中，进口电量为 53 亿 kW·h，出口电量为 209 亿 kW·h。

2018 年，南方电网向香港、澳门地区送电合计 178 亿 kW·h，其中向香港送电 129 亿 kW·h，向澳门送电 49 亿 kW·h。2013—2018 年，南方电网累计向香港送电 700.81 亿 kW·h，累计向澳门送电 257.8 亿 kW·h。

2018 年，中国从香港购入电量为 6 亿 kW·h，俄罗斯进口电量为 31 亿 kW·h，缅甸进口电量为 16 亿 kW•h；向蒙古出口电量为 12 亿 kW•h；向越南出口电量为 17 亿 kW•h，向缅甸出口电量为 2 亿 kW•h。

2.2.6 电网企业发展新战略

2019 年，国家电网有限公司和南方电网公司相继提出了企业发展战略的新方向。其中，国家电网有限公司提出了建设“三型两网、世界一流”能源互联网企业的战略目标，以及“一个引领、三个变革”的战略路径；南方电网公司提出了做“新发展理念实践者、国家战略贯彻者、能源革命推动者、电力市场建设者、国企改革先行者”的战略定位和向“智能电网运营商、能源产业价值链整合商、能源生态系统服务商”转型的战略取向。

（一）“三型两网”建设

国家电网有限公司的战略目标为推进“三型两网”建设，打造具有全球竞争力的世界一流能源互联网企业。战略路径为强化党建引领，发挥独特优势；实施质量变革，实现高质量发展；实施效率变革，健全现代企业制度；实施动力变革，培育持久动能，简称“一个引领、三个变革”。

“三型”，即枢纽型、平台型、共享型。“三型”是能源互联网企业的基本特征。打造“三型”企业，是建设世界一流能源互联网企业的重要抓手。“枢纽型”立足于公司的产业属性，面向以电为中心的能源清洁转型大趋势，充分发挥电网在能源汇集传输和转换利用中的枢纽作用，促进清洁低碳、安全高效的能源体系建设，为经济社会发展和人民美好生活提供安全、优质、可持续的能源电力供应，进一步凸显公司在保证能源安全、促进能源生产和消费革命、引领能源行业转型发展方面的价值作用。“平台型”立足于公司的网络属性，面向基础设施互联互通和互联网新经济迅猛发展的大趋势，以能源互联网为支撑，以公司品牌信誉为保障，汇聚各类资源，促进供需对接、要素重组、通融创新，打造能源配置平台、综合能源服务平台和新业务、新业态、新模式发展平台，是培育平台价值成为公司核心竞争优势的重要途径。“共享型”立足于公司的社会属性，面向开放发展和共享发展的大趋势，树立开放、合作、共赢的理念，积极有序推进投资和市场开放，吸引更多社会资本和各类市场主体参与能源互联网建设和价值创造，带动产业链上下游共同发展，打造共建共治共赢的能源互联网生态圈，与全社会共享发展成果。

“两网”，即建设运营好坚强智能电网和泛在电力物联网，是建设世界一流能源互联网企业的重要物质基础。坚强智能电网和泛在电力物联网，两者相辅相成、融合发展，形成强大的价值创造平台，共同构成能源流、业务流、数据流“三流合一”的能源互联网。

坚强智能电网是以特高压、超高压电网为骨干网架，各级电网协调发展，具有信息化、自动化、互动化特征和智能响应能力、系统自愈能力的新型现代化电网。从传统的工业系统向平台型转变，支撑供给侧和消费侧的联动，高效连接新能源，各类储能、电动汽车、电能替代、能效互动等多元素和差异化的服务，开放共享并高效实现供需匹配。

泛在电力物联网围绕电力系统各个环节，充分应用移动互联、人工智能等现代化信息技术、先进通信技术，实现万物互联、人机交互，具有状态全面感知、信息高效处理、应用便捷灵活等特点的智慧服务系统。运用新一代信息技术，将电力用户及其设备、电网企业及其设备、发电企业及其设备、电工装备企业及其设备连接起来，通过信息广泛交互和充分共享，以数字化管理大幅提高能源生产、能源消费和相关装备制造的安全水平、质量水平、先进水平、效益效率水平。

（二）“五者三商”建设

南方电网公司提出的“五者三商”的战略定位和战略取向。

“五者”，即引领南方电网公司做新发展理念实践者、国家战略贯彻者、能源革命推动者、电力市场建设者、国企改革先行者。

“三商”，即推动南方电网公司向智能电网运营商、能源产业价值链整合商、能源生态系统服务商转型。

为执行“五者三商”的企业战略，南方电网公司的业务布局重点构建管制、新兴、国际、金融四大业务版块，强化共享服务支撑体系，战略路径为坚持走集约化、专业化、市场化、国际化、数字化之路，推动高质量发展。

2019 年 5 月，南方电网公司印发《数字化转型和数字南网建设行动方案(2019 年版)》，明确提出“数字南网”建设要求，提出数字化转型是实现数字南网的必由之路，明确了工作思路和转型路径。通过“全要素、全业务、全流程”的数字化转型，将电网生产、管理、运营等能力进行有效集成并实现数字化、智慧化。

《方案》提出南方电网公司数字化转型实施“4321”建设方案，即建设电网管理平台、客户服务平台、调度运行平台、企业级运营管控平台四大业务平台，建设南网云平台、数字电网和物联网三大基础平台，实现与国家工业互联网、数字政府及粤港澳大湾区利益相关方的两个对接，建设完善公司统一的数据中心，最终实现“电网状态全感知、企业管理全在线、运营数据全管控、客户服务全新体验、能源发展合作共赢”的数字南网。

其中，四大业务平台的具体实施路径是，运用电网管理平台和调度运行平台支持智能电网建设、运行和管控；运用电网管理平台、客户服务平台、调度运行平台支持能源价值链整合和能源生态服务；运用电网管理平台和企业级运营管控平台支持公司管理和决策。三大基础平台是运用南网云平台，支撑公司四大业务平台建设和运行；运用数字电网，支撑数字运营和数字能源生态；运用公司全域物联网，实现公司全域数据的有效采集、传输、存储。

2.3 电网发展年度特点

2.3.1 电网企业探索转型

在中国经济由高速增长阶段转向高质量发展阶段的时代背景下，顺应电力市场改革，国家电网有限公司和南方电网公司分别对企业转型发展进行探索。

2018年末，国家电网有限公司提出“全面深化改革十大举措”，以混合所有制改革为重要突破口，着力抓好十项重点工作，努力开创全面深化改革的新局面。这十项重点工作主要包括在特高压直流工程领域引入社会资本、加快推进增量配电改革试点落地见效、积极推进交易机构股份制改造、加大综合能源服务领域合作力度、大力开展抽水蓄能领域投资合作、持续推进装备制造企业分板块整体上市、加快电动汽车公司混合所有制改革、开展信息通信产业混合所有制改革、推进通航业务混合所有制改革、深化金融业务混合所有制改革。

同年，南方电网公司印发《南方电网公司深入推进国企改革“双百行动”实施方案》，明确了“1＋6”工作组织、10项重点工作任务和6项保障措施。“1＋6”工作组织，即围绕负责统筹协调的国企改革“双百行动”工作协调小组，下设政策研究混合所有制改革和解决历史遗留问题、健全法人治理结构、完善市场化经营机制、健全激励约束机制、强化监督管控、全面加强党的领导和党的建设6个改革工作组。10项重点工作任务主要包括加大政策支持，解决难点问题；合理授权放权，强化审计监督；规范公司治理，打造现代企业；完善市场机制，激发内生活力；健全激励约束，提升效率效益；推进业务改革，提升专业水平；提升科技含量，创新体制机制；融合试点成效，推进综合改革；推进总部改革，完善管控模式；坚持党要管党，全面从严治党。

电网企业探索转型，推动电力市场改革，为国民经济发展作出新的更大贡献。

2.3.2 电网助力脱贫攻坚

国家电网有限公司通过《2018－2020年国网阳光扶贫行动计划》，提升“三区两州”深度贫困地区198个县及其他地区的381个贫困县配电网供电能力，接近本省农网平均水平，动力电源全面覆盖，低电压问题基本消除，为脱贫攻坚提供坚强电力保障。全力扶助公司定点扶贫的湖北、青海五县区打赢脱贫攻坚战，帮助 1213 个扶贫点全部脱贫摘帽。

坚持精准扶贫、电力先行，计划投资 210 亿元，全力推动“三区两州”（不含营业区外的云南怒江州）、国家贫困县电网攻坚，实施易地扶贫搬迁、抵边村寨的电网建设，推动跨区电力交易扶贫，为贫困地区的发展注入绿色动能。

将光伏扶贫项目作为电网公司助力脱贫攻坚的重要抓手，全力以赴担起电站并网重任，制定光伏扶贫国家标准，做好光伏电站服务，为贫困群众提供稳定、可持续的脱贫资金保障，助力全面脱贫攻坚。

2.3.3 电网优化能源配置

2018 年，全国各大区域电网进一步增强区内网架结构，实现了资源的进一步优化配置。

华北地区新建多个 500kV 输变电工程，完善稳固“三横三纵”京津冀电网主干网架。2019 年 6 月，雄安 - 石家庄 1000kV 交流特高压输变电工程建成投运，在京津冀鲁地区构建了世界上首个特高压交流双环网。华东地区通过在浙江、上海、江苏、江西等地建设网架配套工程，优化电网网架结构，满足负荷增长需求。华中地区在河南、湖北、湖南多地新建 500kV 输变电工程，改善区域电网结构，提升电网供电可靠性。东北地区立足能源外送需求，改善蒙东、吉林、辽宁等地网架结构，提升能源资源配置和区域能源安全的保障能力。西南地区新增多条清洁能源消纳通道，促进西藏水、风、光清洁能源开发实施藏电外送。西北地区完善青海、陕西网架结构，满足清洁能源等电力送出需要。南方地区继续优化“西电东送”输电通道，缓解东部用电压力，大幅增强广西电网南北断面输送能力和电网调峰能力，缓解贵州电网中部横向送电通道的供电压力，加强黔北电源送出通道。

2.3.4 电网促进能源转型

2019 年 6 月 9—23 日，青海省连续 15 天（360h）全部使用清洁能源供电，再次刷新世界纪录。这是青海省继“绿电 7 日”和“绿电 9 日”之后的进一步尝试。

2019 年 2 月，青海 - 河南±800kV 特高压直流工程进入现场施工阶段。青海省拥有丰富的太阳能、风能及水能等多种清洁能源，是我国重要的战略资源储备基地和能源基地，具有大规模清洁电力外送的需求。河南省是实施“中部崛起”战略的重要省份，由于经济持续增长，河南省接受大规模清洁电力的需求。该工程既可以满足河南省电力负荷需求，提高清洁电力比重，又可以发挥青海省清洁能源优势，促进青海省产业结构转型升级，实现能源资源在更大范围内的优化配置，促进送、受端地区的经济发展，有利于落实我国能源战略，减少环境污染。

2018 年，国家电网有限公司经营区域内分别减少弃水电量 22.2 亿 kW·h、弃风电量 128 亿 kW·h 和弃光量 15 亿 kW·h，省间清洁能源交易电量为 4373 亿 kW·h，省间新能源交易电量为 718 亿 kW·h，经营区清洁能源发电量为 10 049 亿 kW·h，可再生能源发电装机容量为 5.3 亿 kW。

2.4 小结

2018 年，中国国民经济运行总体平稳、稳中有进，质量效益稳步提升。产业结构持续优化升级，能源消费强度保持下降，电能占终端能源消费比重持续提高。国家出台多项政策进一步推进能源转型，加快推进贫困地区能源建设，提升可再生能源发展与消纳水平，深入推进电力市场化改革，保证大范围内优化配置电能。

电网投资方面，2018 年全国电网投资略有下降，配电网投资降幅大于输电网投资，但投资规模仍超过输电网投资。在电力投资中，电网投资占比达66.4%；在电网投资中，输、配电网以及其他投资比例为37.5∶57.2∶5.1。线路工程单位造价和变电工程单位造价变化趋势相反，线路工程造价上升的原因主要是由于材料价格上涨；变电工程单位造价下降的原因主要由于主要设备价格下降。

电网规模方面，全国电网持续发展，与电源、负荷增长总体协调。2018年底，220kV及以上线路长度达到73.3亿km，同比增长6.98%，增速与电源增速（6.5%）、电量增速（6.5%）相当。截至2019年10月，我国在运特高压线路达到“九交十四直”，电能跨区域调配的能力不断提升。

网架结构方面，华北-华中、华东、东北、西北、西南、南方、云南7个区域或省级同步电网网架不断加强，结构不断优化，在满足负荷增长要求、资源优化配置方面保驾护航。华北电网增强京津冀网架强度，雄安新区特高压建成世界上首个特高压交流双环网。东北电网加强吉林西部、辽宁西部、黑龙江与蒙东电网联络，提高电网运行可靠性。华东电网加强皖南和苏南网架结构，优化特高压受端通道，提升清洁能源消纳能力。华中电网加强湖北、豫南和湘南网架输电能力，满足新增负荷需要。西北电网优化750kV骨干网架，提升风电送出水平。川渝加强网架建设，满足未来西南电网水电送出需求。南方电网和云南电网持续优化“西电东送”通道，满足东部负荷中心用电需求。

配电网发展方面，通过建设世界一流城市配电网等项目，打造“安全可靠、优质高效、绿色低碳、智能互动”的世界一流城市配电网，提升城市配电网供电能力。通过农村电网升级改造等项目，加快城乡电力一体化、均等化、现代化，为脱贫攻坚提供电力保障。

运行交易方面，全国电网总体保持安全稳定运行，大范围配置能源的作用进一步发挥，跨省跨区电力交易电量快速增加，截至2018年底，全国跨区输电能力达到13 615万kW，西南、西北和华中作为主要的外送电区域，合计送出电量占全国跨区送电量的71.8%。新能源消纳能力显著提升，西北部分省份弃风弃光的形势极大缓解。全国电力市场交易电量为2.07万亿kW•h，同比增长26.5%，市场在配置资源中的主导作用日益增强。

电网企业新战略方面，国家电网有限公司提出了“三型两网、世界一流”的战略目标和“一个引领、三个变革”的战略路径。南方电网公司提出了“五者三商”的战略定位和战略取向。电网企业在我国经济高质量发展的背景下，对企业转型进行了初步探索，推动了电力市场改革，为国民经济发展作出新的更大贡献。

3

电网技术发展

本章主要跟踪归纳2018年以来国内外在输变电技术、配用电技术、储能技术、电网智能数字化支撑技术等方面的研究进展与应用情况，并对技术的成熟度及发展趋势进行研判。在输变电技术方面，随着特高压、柔性交直流输电技术以及超导电力等先进技术的示范应用，电网运行更为安全高效、柔性可控。在配用电技术方面，通过基于先进材料的大容量电力电子设备的使用，以及对多样化能源形式和用户侧资源的高度聚合、优化控制，使中低压配电网运行方式更加灵活，控制手段更加有效，对各种分布式资源的接入更加友好。在储能技术方面，电池储能技术在电力系统调峰调频、事故备用、黑启动、电压控制等方面的规模化应用，有力保障了电力系统安全稳定运行和高比例清洁能源消纳。在电网智能数字化支撑技术方面，通过应用电网大数据中心、人工智能调度、区块链应用平台、电力通信、配电物联网等技术，实现电网的数据应用服务化、调度智能化、技术数据安全共享，以及满足电网低时延、高可靠运行要求，加快推动电网智能数字化支撑技术在泛在电力物联网领域的落地应用，实现泛在电力物联网与坚强智能电网的深度融合。

3.1 输变电技术

2018年以来，以特高压交直流输电、柔性直流输电、先进FACTS、超导电力、虚拟同步机为代表的输变电技术取得一系列创新成果。特高压交直流输电技术方面，我国苏通特高压综合管廊工程投运、IEC特高压交流国际标准发布；柔性直流输电技术方面，多端混合直流输电工程启动建设；先进FACTS技术方面，静止同步串联补偿器（SSSC）、静止同步补偿器（STATCOM）投运；超导电力技术方面，国内外在超导电缆、超导风电技术取得突破；虚拟同步机方面，场站级虚拟同步机在工程实践中快速、主动参与电网辅助服务支撑。

3.1.1 特高压交直流输电技术

国外特高压输变电技术研究起步早，但商业化应用尚未取得大规模突破，国内已实现特高压输电工程大规模商业化应用，并在核心技术方面取得众多突破。

（一）苏通特高压综合管廊工程投运

气体绝缘金属封闭输电线路（GIL）采用金属导电杆输电，并将其封闭于接地的金属外壳中，通过压力气体绝缘。GIL 具有传输容量大、损耗低、人身安全水平高、电磁场极低、运行可靠性高、节省占地、无电（热）老化等优点，成为跨江跨海输电通道建设的优选方案。

2019 年 3 月，淮南 - 南京 - 上海 1000kV 交流特高压输变电工程苏通 GIL 综合管廊长江隧道主体工程全部完工，转入输电设备安装阶段。2019 年 9 月，苏通特高压综合管廊工程正式投运。隧道工程全长为 5468.5m，穿越长江下游窄缩段深槽区。盾构直径为 12.07m，最低点标高为 －74.83m，最大坡度为 5%，最大水土压力高达 9.5 倍大气压力。该工程主要用于解决隧道沉降控制、高水压、防渗水、防有害气体、隧道空间狭小等难题。2 回 1000kV GIL 管线总长近 35km，合环运行后，将形成特高压交流双环网，提高华东地区接纳区外来电能力，保障电网安全运行。

（二）IEC 特高压交流国际标准发布

近年来，我国参与制定了包括特高压输电技术在内的多项国际标准，将进一步推动特高压输电技术的广泛应用。

2018 年 12 月 19 日，由中国电力科学研究院主导编制的 IEC 特高压交流领域国际标准 IEC TS 63042—301《特高压交流输电系统　第 3 部分：现场交接试验》发布，内容涉及特高压变压器、断路器、气体绝缘全封闭组合电器（GIS）、电压和电流互感器、电抗器、串联补偿装置、绝缘子、隔离开关和接地开关、高速接地开关等特高压交流设备现场交接试验的项目、方法、判据、设备及实施等。IEC TS 63042—301为特高压交流工程建设及试验提供了标准依据和技术保障，有效支撑特高压交流电网的建设。

3.1.2 柔性直流输电技术

柔性直流输电技术是一种以可自关断器件和脉宽调制技术为基础的新型输电技术，是新一代直流输电技术。相比于常规直流输电，柔性直流输电具有功率潮流反转快、故障后恢复快、可黑启动、不存在换相失败问题等优点，并且规避了大谐波、需要无功支持以及需要站间通信等问题。柔性直流输电可解决当前大电网面临的诸多问题，如孤岛供电、城市配电网的增容改造、异步交流系统互联、大规模新能源发电并网等，对传统交流电网具有重要的互补价值。

（一）乌东德电站送电广东广西特高压多端直流示范工程开工建设

2018年12月11日，乌东德电站送电广东广西特高压多端直流示范工程（简称“昆柳龙直流工程”）开工建设，如图3-1所示。昆柳龙直流工程送端采用常规直流，受端采用柔性直流，既发挥传统直流的技术优点，又融入柔性直流灵活运行的优势。相比常规特高压直流，特高压多端混合直流输电将大幅降低新能源发电输送系统的整体成本，有助于将清洁能源输送得更远、更平稳。

昆柳龙直流工程西起云南昆北换流站，东至广西柳北换流站、广东龙门换流站，采用±800kV三端混合直流技术，送电规模达800万kW。

（二）渝鄂南通道柔性换流站工程正式投运

2019年7月，渝鄂直流背靠背联网工程南通道柔性直流换流站顺利通过168h试运行，如图3-2所示。渝鄂直流背靠背联网工程采用柔性直流输电技术，额定电压为±420kV，南通道换流站包括2个换流阀单元，每单元输送容量为125万kW。

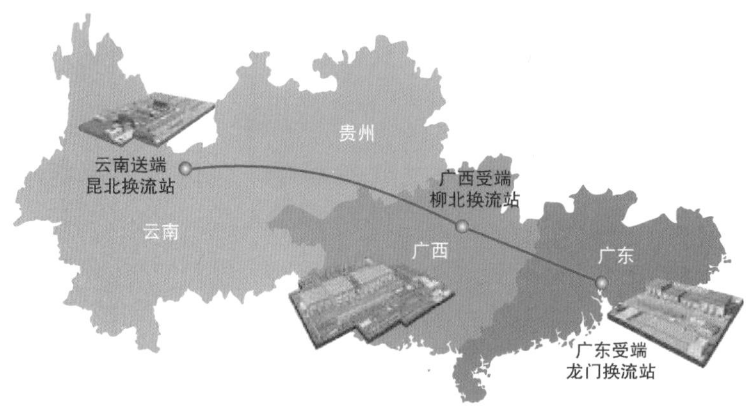

图 3-1　昆柳龙直流工程

图 3-2　渝鄂直流背靠背联网工程南通道柔性直流换流站

渝鄂直流背靠背联网工程中研发应用的高电压等级、大容量的柔性直流输电技术，规模化应用了自主研发的电力电子芯片，解决了交流可靠故障穿越、柔直平滑启动与高频谐波振荡的有效抑制等问题。

3.1.3 先进 FACTS 技术

FACTS 采用具有单独或综合功能的电力电子装置，目前已成功应用或正在开发研制的装置主要包括统一潮流控制器（UPFC）、静止无功补偿器（SVC）、静止同步串联补偿器（SSSC）、静止同步补偿器（STATCOM）等。随着智能电网的深入发展，先进 FACTS 技术通过综合应用柔性电力电子技术和精确控制技术等，能够有效提升系统快速可控性和电力传输能力。

（一）我国自主研发具备灵活潮流控制功能的静止同步串联补偿器（SSSC）在天津投运

SSSC 是一种串联补偿装置，通过向线路注入可控电压，调节线路运行状态参量（电压幅值和相位），实现对线路和临近电网的潮流重新分配与优化。SSSC 主要由电压源换流器（VSC）、串联变压器、旁路晶闸管（TBS）等构成，其中 VSC 可产生近似超前或滞后线路电流 90°的可控电压。串联变压器起到变压和隔离作用，将 VSC 产生的电压注入线路侧。TBS 起到快速旁路的作用，具有动作时间快、可控程度高，以及满足高电压大电流的需求等优点。

SSSC 技术以其成本低、占地小、功能灵活等诸多优势，可在潮流分配不均、输送能力受限、新建输电走廊难度大等场合应用，尤其为城市电网潮流控制提供了经济高效的技术手段。通过控制策略升级，SSSC 可实现次同步抑制功能，为新能源并网控制和潮流实时调节提供有效的控制手段。

2018 年 12 月 6 日，天津石各庄 220kV 静止同步串联补偿器（SSSC）科技示范工程顺利完成 168h 试运行，标志着静止同步串联补偿器正式投入运行，如图 3-3 所示。该示范工程解决了 SSSC 换流阀电流电压自适应取能、多级直流均压及潮流控制、串联变压器仿真建模与优化设计、超宽电流范围自励平滑启动等关键技术难题，研制了基于压接型 IGBT 的 H 桥级联换流阀、SSSC 控制保护系统等核心设备。

图 3-3　天津石各庄 SSSC 示范工程

与现有的常规潮流控制技术相比，SSSC 的造价和占地可降低 60%，损耗可减少 50%。该技术在天津石各庄 220kV 变电站示范应用，装置容量为 ±30MVA，实现了输电线路及输电断面功率均衡、限流等灵活调节功能，解决了高场-石各庄双线潮流分布不均、电力输送能力受限的问题，将断面输送能力从 76 万 kW 提高至 96 万 kW，增加南蔡-北郊供电分区内 10%的供电能力，大幅提高系统安全稳定裕度。

（二）500kV/450MW 静止同步补偿器（STATCOM）在江苏投运

STATCOM 是一种并联型无功补偿的 FACTS 装置，可在防止系统电压崩溃、提高系统电压稳定性、提高电网电能质量等方面起到显著作用，主要功能包括动态电压控制、功率振荡阻尼、暂态稳定、电压闪变控制等。与传统的无功补偿装置相比，STATCOM 具有调节连续、谐波小、损耗低、运行范围宽、可靠性高、调节速度快等优点。

2018 年 12 月 4 日，江苏 500kV 吴江变静止同步补偿器（STATCOM）接入系统功能试验全部完成（72h 试运行），表明基于 IGBT 的动态无功补偿装置正式投入运行，实际场景及全景模拟如图 3-4 所示。苏南地区用电需求目前主要依靠 500kV 交流线路和±800kV 直流等区外来电满足，交直流通道负荷较重，STATCOM 装置的投运可用于解决电网故障时造成的无功损耗过大问题。

(a)

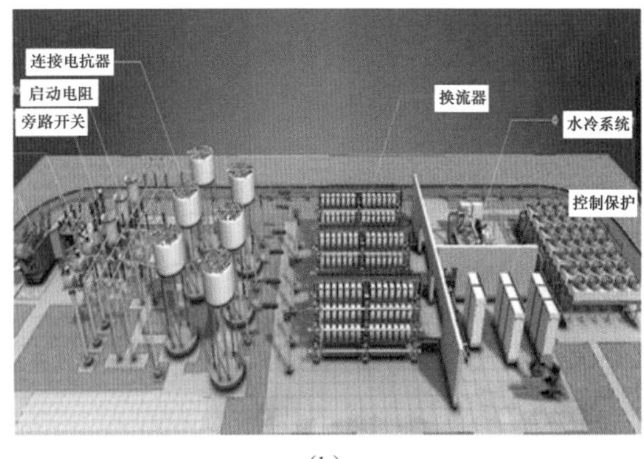

(b)

图 3-4 江苏吴江变静止同步补偿器示范工程实际场景及全景模拟

(a) 实际场景；(b) 全景模拟

在 500kV 吴江变电站 220kV 设备区装设 3 组±100Mvar 的 STATCOM，故障状态下最大输出容量可达 450Mvar。基于 IGBT 的 STATCOM 装置通过判断系统故障，快速响应发出动态无功，进而维持系统电压水平，将为苏州南部电网提供快速无功控制，解决系统过负荷或者发生重大事故导致的电压崩溃问题。通过将吴江 STATCOM 接入调度自动电压控制系统进行控制，制定相应的运行控制策略和调度运行规程，减少了 STATCOM 与固定电容电抗器可能发生的反向调节影响，实现全网无功电压优化控制。

3.1.4 超导电力技术

超导电力技术的发展以超导材料为基础，主要应用包括超导输电电缆、超导限流器、超导变压器、超导电动机和超导电力集成技术等。超导体在超导状态下具有零电阻、抗磁性和电子隧道效应等物理性质，具有输电损耗小，支撑器件体积小、质量轻、效率高等优点。

（一）首条公里级高温超导电缆示范工程在上海启动建设

2019 年 2 月 21 日，我国首条公里级高温超导电缆示范工程在上海启动建设，核心元件如图 3-5 所示。该示范工程综合考虑了国内当前高温超导电缆技术能力，基于超导电缆的大容量输送能力及可靠性，将在 220kV 长春变电站至

35kV 漕溪变电站间建设一条 35kV 高温超导电缆互馈线，最大设计电流为 2200A，代替现有 4 回 35kV 常规电缆互馈线。正常运行方式下，超导电缆供电负荷约为 6 万 kW，负载率为 50%；特殊运行方式下，供电负荷约为 12 万 kW，负载率为 100%。

图 3-5　高温超导电缆核心元件

超导体的零电阻对于传统以铜、铝为导体的电线电缆更是颠覆性的。第二代高温超导材料不像传统电缆粗壮笨重，核心传导层轻薄。1000m 的超导带材，其输电能力比同尺寸铜导线高出百倍。

当前主要聚焦于较长距离高温超导电缆方面的研究，实用化、商用化进程正在加速，已有多组长距离高温超导电缆并入实际电网运行，主要集中在美国、日本、韩国、德国。目前已投运的最长高温超导电缆位于德国埃森市，全长约为 1km，采用第一代高温铋系超导材料（BSCCO）。

（二）欧盟超导风电技术取得突破

2018 年 8 月 29 日，欧盟“地平线 2020”计划资助的“生态之翼”（ECOSWING）项目的科研成果，超导风力发电机在丹麦沿海地区安装，如图 3-6 所示，表明风力发电机高温超导技术取得突破，可替代目前重型永磁直驱发电机。

图 3-6 超导风力发电机

“生态之翼”项目使用新技术研发的双叶风力涡轮机是高温超导发电机，与传统发电机具有明显区别。传统风力发电机是在一组铜线圈（定子）里内置旋转磁铁（转子），转子在定子线圈内旋转从而生成电流。超导发电机抛弃传统发电机中的磁铁，采用的是由陶瓷带与金属带组合成的线圈，该线圈在极寒条件下具有超导性能。将线圈内置于真空鼓中，使用少量的低温气体将真空冷却，使得在-240～30℃的条件下，电流通过线圈时几乎为零电阻，能量传导效率比标准发电机高100倍。同时，其耗费的原材料更少、质量更轻。

3.1.5 虚拟同步机技术

虚拟同步机技术本质上采用电力电子设备模拟传统同步发电机本体特性，应用有功调频及无功调压等策略与算法，通过电力电子设备接口，实现大规模接入电网的新能源，在电网运行控制响应方面呈现出水电、火电等同步发电机所具有的转动惯量、自动调频调压等外特性。

按技术原理划分，虚拟同步机主要分为电流型和电压型两类。其中，电流型虚拟同步机发展较早，以虚拟同步机的外特性模拟为主，直接在逆变器的有功控制环路中叠加了与频率偏差成正比的一次调频功率指令和与频率变化率成正比的虚拟惯量功率指令，使其从并网特性上与同步发电机近似。而电压型虚拟同步机则在控制策略中引入同步发电机的转子运动方程和电磁暂态方程，因此，并网特性更趋近于真实的同步电机。

场站级虚拟同步机完成工程应用

2018 年 10 月，“场站级虚拟同步机功能测试与区域孤岛启动试验”在位于张家口的国家风光储输示范工程现场顺利完成。该试验不仅有效保证了孤网系统功率平衡与电压稳定，更显著改善了新能源机组并网的友好型和稳定性。同时，发现大量高比例电力电子区域孤网的振荡、波动等现象，验证了大容量新能源虚拟同步机多机并联技术在孤网系统运行的科学性和可靠性，提出由新能源场站启动区域电网的思路方法，提升新能源汇集区域应对风险处置能力。

3.2 配用电技术

3.2.1 主动配电网

主动配电网是指能够对配电网络所含的各种分布式资源（包含分布式电源、灵活负荷、储能等）进行组合控制，从而提升可再生能源消纳能力，提高用户用电质量和供电可靠性的新型配电网。其核心是在先进的信息通信、电力电子以及自动化技术基础上，充分利用配电系统中的可控资源（分布式发电单元、电容器组、调压器、储能、联络开关、需求侧可控负荷等），通过主动配电网的“源-网-荷”综合管理，实现可再生能源的规模化接入、提升配电系统运行经济性、保障用户用电质量和供电可靠性。

2018 年 5 月 23 日，北京通州城市副中心世界超一流智能配电网示范区建成，该副中心行政办公核心区所有架空电力线全部入地，供电可靠率将达到 99.9999%，年均停电时间将小于 21s。

世界一流智能配电网具有运行安全可靠、网架坚强互联、装备标准先进、运营精益高效的特点，全要素体现世界一流能源互联网发展理念，全方位支撑国际一流和谐宜居之都建设。

2018年10月10日，位于苏州市工业园区的“高可靠性配电网应用示范工程”顺利启动投运。该工程投运后，将有效提升苏州市环金鸡湖地区的供电可靠性，同时标志着全国建设规模最大的主动配电网综合示范区正式建成。

苏州主动配电网综合示范项目包括苏州工业园区高可靠性配电网应用示范工程、基于“即插即用”技术的主动配电网规划应用示范工程、基于柔性直流互联的交直流混合主动配电网技术应用示范工程、适应主动配电网的网源荷（储）协调控制技术应用示范工程、苏州工业园区高电能质量配电网应用示范工程5个子项目，分别位于苏州市工业园区环金鸡湖区域、2.5产业园区域及苏虹路工业区域。

为提高供电可靠性，苏州主动配电网综合示范项目建成了全国首个20kV配电网的四端口柔性直流换流系统。该系统可以实现各端口间能量和信息的互联互通，有序协调分布式能源与负荷，有效提高电能的使用效率和供电可靠性。该系统投运后，该区域用户年均停电时间将由原来的5.2min减少到1.57min。

在2.5产业园区域，针对风力发电和屋顶光伏发电等分布式能源快速发展、产业园区供电能力不足、能源利用效率不高的问题，示范项目建设兆瓦级交直流混合配电网，提供双电源电力供应，利用能量流和信息流融合的“即插即用”技术，实现分布式清洁能源和多元化负荷的灵活接入，缩减并网的建设成本，减少交直流转换过程中的电量损耗，提高电能使用效率。此外，该系统还采用了孤岛自治恢复策略，当配电网出现故障时，非故障区域可以自动脱离大电网，依靠内部的分布式能源实现独立运行，大幅提高了该区域的供电可靠性。

而苏虹路工业区供电区域负荷类型多样，包含三星电子、三星液晶等众多对电能质量需求高的企业。电压波动、电压暂降（电压暂时性下降）等电能质量问题，会影响企业设备的正常运行，严重的会造成产品报废、设备损毁等生产事故。为此，示范项目在苏州110kV星华变电站20kV侧采用多配电灵活交流输电（DFACTS）设备协调控制技术，对电压进行实时跟踪，快速反应并抑制电压波动等问题，提高电能质量和系统稳定性，关键用户电压暂降次数降低了95%，有效保证了对敏感负荷的可靠供电。

苏州主动配电网综合示范区建成后，将实现高比例分布式能源灵活消纳、高品质电能智能配置，有效提高供电可靠率和清洁能源的接入规模，减少环境污染，每年相当于减少燃煤1577t。此外，对用户来说，用电也将更加智能和主动，不仅能够主动隔离故障，减少因为停电造成的损失，而且还能够优化配置分布式清洁能源与储能出力，实现电网调峰削谷，进而最大限度地减少用户的电费支出。

3.2.2 微电网

微电网通常是由微电源、储能单元以及用电负荷等组成的具备自我控制和自我能量管理的自治系统，可以在网内实现发电、配电、用电自给自足的运营模式，还可以在并网运行，孤立运行两种模式下灵活切换。从微观看，可以作为一个可定制的电源以满足用户多样化的需求的电力系统；从宏观看，可以看作一个简单的可调度负荷。

（一）上海电力学院临港新校区“新能源微电网示范项目”

临港新校区是风光储一体化智能微电网系统，整体布局如图3-7所示，包含分布于23个建筑屋面的2MW光伏发电及1台300kW风力发电等新能源分布式发电系统。为了确保在外部供电系统失电的情况下，微电网能够继续保证信息中心机房重要负荷和2栋建筑部分普通负荷供电的需求，系统还配置有容量为100kW×2h的磷酸铁锂电池、150kW×2h的铅炭电池和100kW×10s的超级电容储能设备。3种储能设备与学校的不间断电源相连，一并接入微网系统。该系统将承担校区17%的电力供应，从而避免了断电、离网对数据存储、安全监控等服务的消极影响。

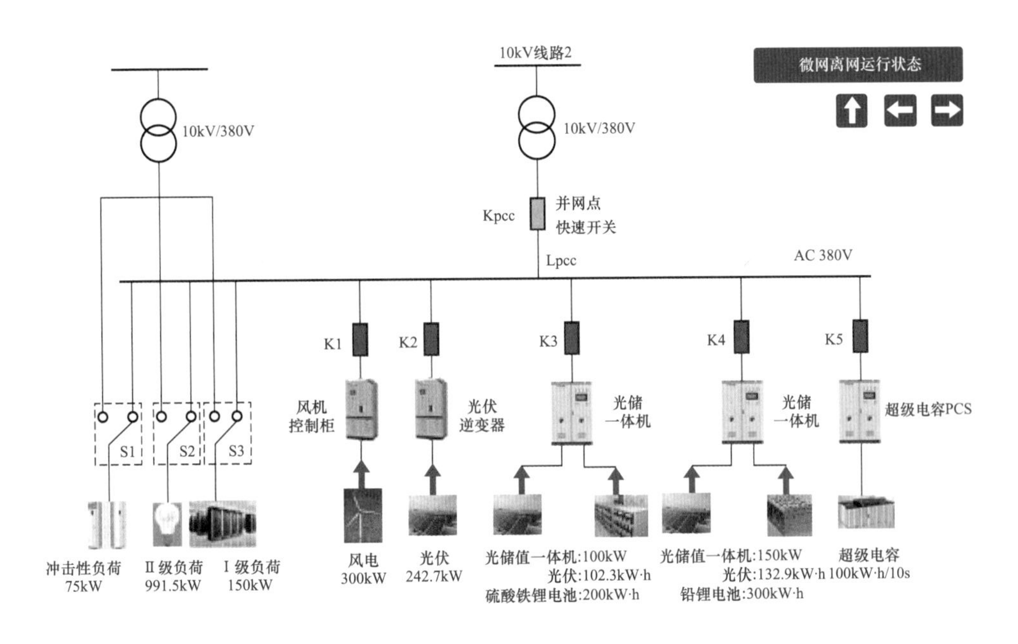

图 3-7 风光储一体化智能微电网系统

（二）应用于南极地区完整风光燃储互补智能微电网发电系统建成

我国首套应用于南极地区的完整风光燃储互补智能微电网发电系统建成，并在南极泰山站投入运营。该套新能源微电网系统针对南极泰山站高寒、大风、高海拔、低气压等特殊环境，采用了定制化风机、光伏和储能电池，并通过控制终端对整套新能源供电系统进行智能控制。在夏季泰山站有人值守期间，新能源微网发电系统可以与泰山站的柴油发电机并网共同使用；在冬季泰山站无人值守期间，新能源微电网发电系统还可以通过控制终端实现离网无人值守自主运行，为无人值守期间泰山站的科研仪器和站区配套设备进行供电。

（三）甘肃酒泉新能源微电网示范项目开工

甘肃酒泉肃州区新能源微电网示范项目是国家发展改革委新能源微电网示范项目，总投资 4.14 亿元，供电面积为 5.5km^2，核心要素包括源、网、荷、储、控（即电源、电网、负荷、储能、控制）。通过建设 60MW 光伏电站、10MW×2h 电储能、1 座 35kV 变电站、两座 10kV 开闭所及微电网能量管理控制系统，作为独立的购售电主体，与配电网内部的电力用户或外部新能源发电项目直接进行电力交易，同时与大网并网运行。项目建成后，可实行新能源直购电交易，降低负荷企业用电成本，引进以绿色高载能为主导的“一主三辅”产业体系，实现发电与消纳一体发展的良性循环，进一步推动新能源开发、应用一体化发展，提升就地消纳能力。

3.2.3 交直流混合配电网

与传统交流配电系统相比，直流配电系统在很多方面具有一定优势：①分布式电源和直流负荷可直接接入配电网，减少了换流过程也降低了损耗；②避免了电压闪变、频率波动、谐波污染等问题，提高了电能质量和供电可靠性；③不涉及无功问题，输电容量更大。但由于交流配电网基础设施完善，交流电源和交流负荷长期存在，且交流配电网在电压变换和线路保护方面更加成熟，短期内直流配电系统难以完全取代交流配电网。交直流混合的新型配电方式，能够兼顾两者的优点，改善原有交流配电系统的电压分布，提高供电可靠性和能源系统效率。交直流混合配电网典型结构如图 3-8 所示。

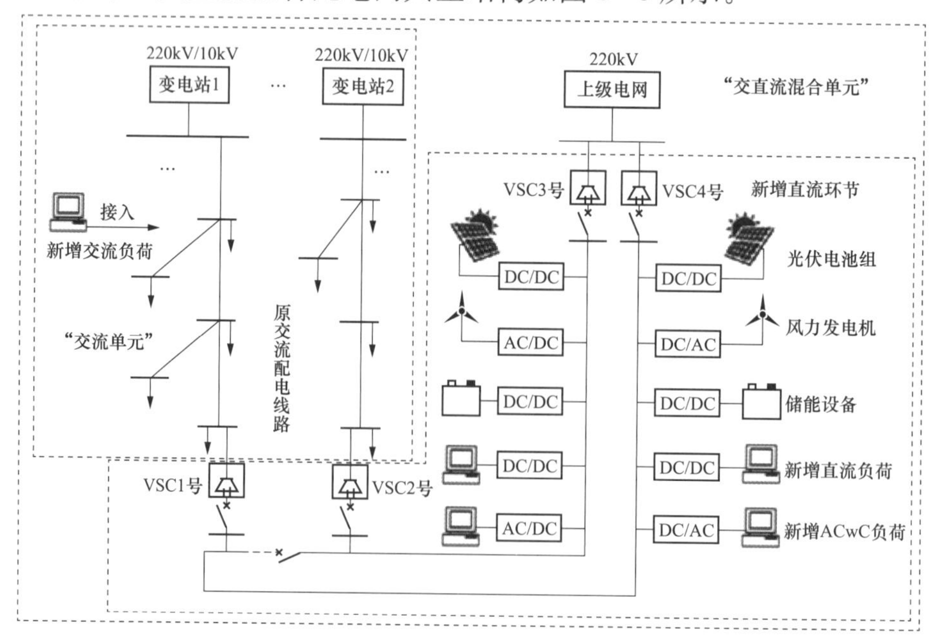

图 3-8　交直流混合配电网典型结构

（一）世界规模最大的多端交直流混合柔性配电网互联工程在广东珠海唐家湾成功投运

唐家湾多端交直流混合柔性配网互联工程由3个柔性直流换流站、1个直流微电网构成，各换流站之间采用地下电缆相连接。工程为国际首个±10kV、±375V、±110V多电压等级交直流混合配网示范工程，也是世界最大容量的±10kV配电网柔直换流站。本次启动的多端交直流混合柔性配电网互联工程拥有多个国内外首创，既能调节潮流，又能调节电压，实现了对电网内各个节点的电压水平进行实时调控。

采用世界最大容量±10kV等级基于国产化中压柔直换流阀，实现直流故障的微秒级自清除；研发应用关键部件复用、集成化程度高的10kV三端口直流断路器，减少占地与设备投资约30%；研制应用2MW级的第三代半导体全碳化硅直流变压器，效率和功率密度得到大幅提升，是目前10kV电压等级容量最大的直流变压器。10kV三端口直流断路器和2MW级第三代半导体全碳化硅直流变压器装置如图3-9所示。

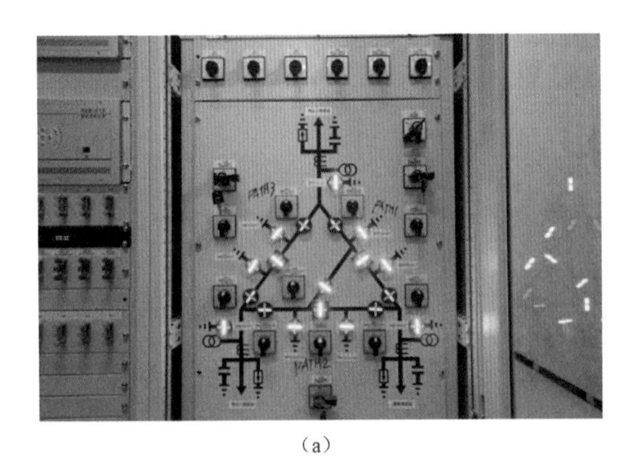
(a)

(b)

图3-9　10kV三端口直流断路器和2MW级第三代半导体全碳化硅直流变压器装置

(a) 断路器；(b) 变压器

（二）张北柔性变电站及交直流配电网科技示范工程投入运行

张北柔性变电站及交直流配电网科技示范工程建设有10kV光伏直流升压

站1座、10kV柔性变电站1座。其中，10kV柔性变电站的核心设备电力电子变压器具有4个交直流端口，在配电网中如同1个"纵横交错江河中的码头"。该示范工程在低压侧能够提供直流750V（含240V）、交流380V等3种灵活的供电方式，可实现多种能源、多元负荷和储能的"即插即用"与灵活接入；打造了灵活开放的能源互联网平台，通过接入张北县德胜村2.5MW光伏扶贫发电，满足了阿里巴巴张北数据中心绿色用能需求，实现了发电、电网、客户等多利益主体的共赢。

该示范工程提出融多种功能于一体的柔性变电站概念，赋予变电站全新的功能形态，推动变电站关键设备由"多种设备组合"向"单一设备集成"方向发展。电力电子变压器取得5大技术突破，实现了多端口一体化变压变换、直流故障隔离等4大功能，较现有技术能量密度提升200%；首创的基于柔性变电站的交直流配电网理念，将数据中心和光伏发电连接，首次实现了智能电网与云计算产业的深度结合，勾勒了未来电网发展的新形态。

该示范工程攻克了成套设计、"源-网-荷"控制保护等技术难题，实现功率潮流的灵活调控、故障限流与自愈，打造灵活开放的平台，实现发电、电网、用户的共赢。柔性变电站装备可实现多种能源、多元负荷和储能的"即插即用"，丰富用户的自主选择权。引入的2.5MW光伏发电，满足了用户绿色用能需求。更智能的配电网，保障了数据中心高可靠供电，让光伏发电既能优先在数据中心就地消纳，又能上网保障全额消纳。更高效的电力系统，降低数据中心能耗10%～20%、设备投资约1%，提高光伏系统效率约2%。

3.2.4 电动汽车与电网互动

电动汽车具备用电负荷和储能装置的双重特性，可以参与电网的负荷调度，最大限度促进可再生能源发电的消纳和利用。合理引导充电或将电动汽车用于分布式储能既可满足用户使用需求还将对电网产生有益的作用，包括参与电力系统的调峰、调频，间歇式可再生能源发电并网，提高供电可靠性和电能质量等。

2018年国网电动汽车公司在有序充电、双向充放电设备研制、充放电试验验证方面开展了大量工作，并在苏州开展了电动汽车双向充放电试点项目。

依托车联网平台，2018年9月底，国网电动汽车公司在北京、山东、上海、江苏、河南选取了6个变压器负载高、电动汽车增长快的小区作为试点，建设一体化有序充电桩160个、充放电桩2个。通过有序充电控制，小区平均降低配电变压器峰值负荷超过30%，80%充电量被优化调整到配电变压器负荷低谷时段，实现削峰填谷，使配电变压器接纳充电桩能力提高了4倍。在北京人济大厦通过用户变压器模拟台区变压器、储能电站模拟动态随机变化负荷，初步验证了4辆纯电动乘用车（3辆比亚迪e6、1辆比亚迪秦）与台区配电网的双向互动与协调运行控制。

在苏州开展电动汽车双向充放电试点项目，安装了30台交流充放电桩和30台直流充放电桩，其中30台交流桩安装于一些居民小区内，选择在仁恒双湖湾、星屿仁恒、白塘景苑等几个小区进行安装；30台直流桩安装于一些公共事业单位内，选择在东方之门、博览中心、西交利物浦大学、体育公园等几个地点进行安装。对5辆苏州公司已有电动汽车进行改造，开展电动汽车双向充放电的商业运行模式验证。

3.3 储能技术

在电力系统中，储能具有调峰调频、备用、黑启动、电压控制等重要作用。随着电源结构中风电、光伏发电等可再生能源发电装机占比的逐步增大，电网安全稳定运行对储能系统的需求也日益增大。

国内方面，继2018年储能装机爆发式增长后，2019年储能市场规模增长趋缓，一方面是由于储能设施被排除在输配电价核价资产范围之外，导致电网侧储能投资急剧下降；另一方面是由于一般工商业电价降低，一定程度上挤压了用户侧储能的套利空间，减少了部分投资需求。预计未来几年是国内储能行业的成本突破期和政策完善期；随着储能成本的进一步下降，电力现货市场、辅助服务市场逐步建立和完善，以及新能源发电公平承担辅助服务义务等政策落地，国内储能装机将持续稳定增长。

国外方面，美国、韩国、英国等储能装机增长强劲。美国联邦能源监管委员会（FERC）发布《电储能参与区域输电组织和独立系统运营商运行的市场》（841 号法令），要求每个区域输电组织（RTO）和独立系统运营商（ISO），制定储能项目参与电力批发市场的规则。

3.3.1 机械类储能

机械类储能包括抽水蓄能、压缩空气储能、飞轮储能、液化空气储能等。其中，抽水蓄能技术成熟、储能容量大、建设成本低，应用最为广泛；压缩空气储能、飞轮储能国内外已有部分商业应用项目；液化空气储能尚处于示范应用阶段。

（一）抽水蓄能电站

抽水蓄能电站具有启动灵活、调节速度快的优势，是运行可靠且较为经济的调峰电源与储能装置。大规模储能技术中，抽水蓄能技术最为成熟，应用相对广泛，在当前及未来一段时期仍然是电网大容量储能设施的主体。

2019 年 1 月 8 日，国家电网公司在新疆、河北、吉林等地同时开工建设了新疆哈密、河北抚宁、吉林蛟河、浙江衢江、山东潍坊 5 座抽水蓄能电站，总投资 386.87 亿元，总装机容量为 600 万 kW，计划于 2027 年全部竣工投产。工程开工标志着我国抽水蓄能电站在运、在建装机容量已跃居世界第一。工程投运后将为所在区域电网提供调峰、填谷、调频、调相和紧急事故备用等多项服务。

（二）压缩空气储能

压缩空气储能（CAES）系统利用低谷电、弃风电、弃光电等对空气进行压缩，并将高压空气密封在地下盐穴、地下矿洞、过期油气井或新建储气室中，在电网负荷高峰期释放压缩空气推动透平机（汽轮机、涡轮机等）发电。压缩空气储能在国外已有较多应用，国内尚处于商业示范阶段，未来随着技术成熟、成本降低后，具有一定的推广可行性。

2018年12月25日，我国首个盐穴压缩空气储能国家示范项目在金坛奠基。计划采用清华大学非补燃压缩空气储能技术，建设并运行1套60MW“基于盐穴压缩空气智能电网储能系统”项目。夜间压缩机利用电网弃能压缩空气运行8h，白天膨胀机利用压缩空气持续发电4h。储能过程设备年利用小时数为3000h，发电过程设备年利用小时数为1500h。该项目电-电转换率达58.2%，高于目前国际上已投运的压缩空气储能电站。项目建成后将有力支撑江苏电网调峰需求，缓解峰谷差造成的电力紧张局面。非补燃式压缩空气储能系统原理如图3-10所示。

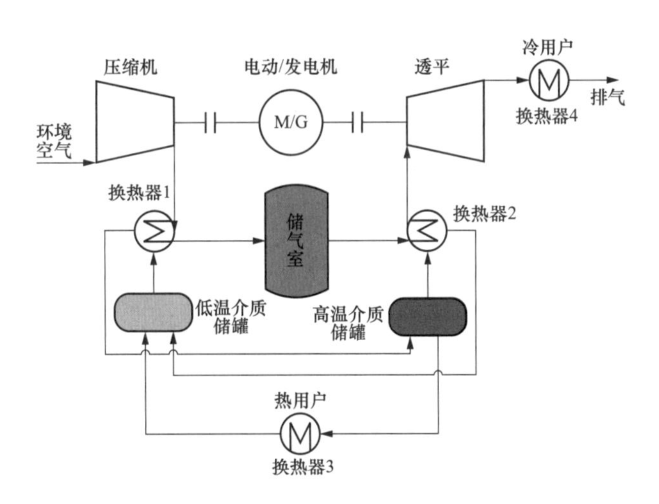

图3-10 非补燃式压缩空气储能系统原理图

深冷液化空气储能技术是将空气液化并存储，同时回收利用压缩过程中的余热及膨胀过程中的余冷，以提升系统效率。结合利用溴化锂制冷和膨胀制冷等技术，实现供热、供冷、供电、供洁净空气，满足用户多样化能源需求。该技术摆脱了对地理和资源条件的依赖，具有能量密度高、成本较低、低压罐体安全性好、可安装于负荷中心区等优点，大型系统（规模 100MW 级）适用于电网的调峰、调频和系统容量备用等场景，易于规模化扩展，具有规模化成本低、寿命长、无污染、无地理条件限制等优势，可有效解决新能源规模化消纳、电网调峰填谷、用户侧用能电能替代等问题。

2019 年，全球能源互联网研究院有限公司在苏州同里建成了国内首套 500kW 深冷压缩空气冷热电气综合利用试验系统。试验装置具有夏季供冷、冬季供暖及高洁净度供风等多种服务模式。该系统由压缩液化单元、蓄冷蓄热单元和膨胀发电单元组成，与传统和绝热压缩空气储能技术相比，具有储能密度高、占地面积小等特点。该系统将富余电能转化为空气压缩能和热能方式进行能量储存，并用于膨胀发电。储能时，将谷电或富余清洁电能转化为液态空气存储；释能时，通过膨胀发电机组对外输送电力。工作过程中，充分考虑用户的冷热及用电等多种能源需求，收集并存储空气压缩液化过程产生的热能，通过溴化锂制冷和膨胀制冷等技术，实现供热、供冷（深冷）、供电等多种服务模式，为用户提供综合能源服务，为园区提供了 500kW·h 储能电力，夏季供冷量约为 2.9GJ/天，冬季供暖量约为 4.4GJ/天，满足 2500m^2 用户供热供冷要求，系统综合效率为 67%。基于液化空气储能的冷热电气综合利用装置示意图和效果图分别如图 3-11 和图 3-12 所示。

（三）液态空气储能

液态空气储能（LAES）技术使用液态空气作为储能介质，使用传统的工业制冷技术将空气冷却至低于-170℃，将空气进行液化，其体积收缩为原体积的 1/700。液态空气在低压下储存在传统的隔热罐中；当需要能量时，将液体加热并泵入标准膨胀涡轮机，带动发电机发电，从而释放储存的能量。液化空气储能在国际上尚处于商业示范阶段，其特点是储能容量大且不受地理条件限制，未来技术成熟后可以与工业生产场景紧密结合使用。

2018 年 6 月，英国液态空气储能开发商高景能源（Highview Power）公司在位于英国兰开夏郡邦利（Bury）附近的皮尔斯沃斯（Pilsworth）垃圾填埋场

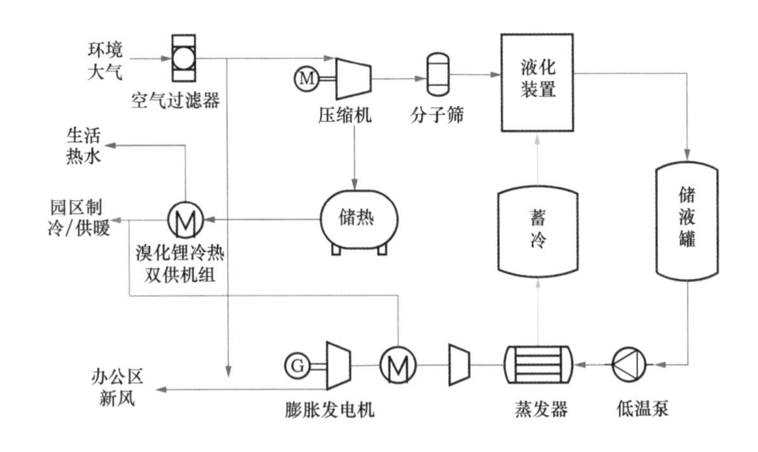

图 3 - 11　基于液化空气储能的冷热电气综合利用装置示意图

图 3 - 12　苏州同里压缩空气储能项目效果图

1—压缩机组；2—空气净化装置；3—液化装置及制冷膨胀机；4—储液装置；5—低温泵；6—蒸发器；7—膨胀发电机组；8—储热装置；9—蓄冷装置；10—溴化锂冷热双供机组

启用了一个 5MW/15MW•h 液态空气储能系统，如图 3 - 13 所示。该项目通过使用剩余电力（在非高峰时段）将空气冷却成- 196℃的液体，然后将液态空气储存在低压的隔热罐中。当需要动力时，从罐中抽出液态空气。暴露于环境温度会导致快速再气化和体积膨胀 700 倍，用于驱动涡轮机发电。该系统还可以与液化天然气等工业场景结合，充分利用废热和冷流，提高工业用能效率。

图 3 - 13　5MW/15MW·h 液态空气储能系统

（四）飞轮储能

飞轮储能系统通常由一个圆柱形旋转质量块和磁悬浮轴承支撑机构组成，如图 3 - 14 所示。飞轮运行于高度真空的环境中，并与电动机或者发电机相连，通过某种形式的电力电子装置，可进行飞轮转速的调节，实现储能装置与电网之间的功率交换。飞轮储能功率密度高，响应速度快，运行寿命长，通常用于不间断电源、短时大功率支撑等场合。

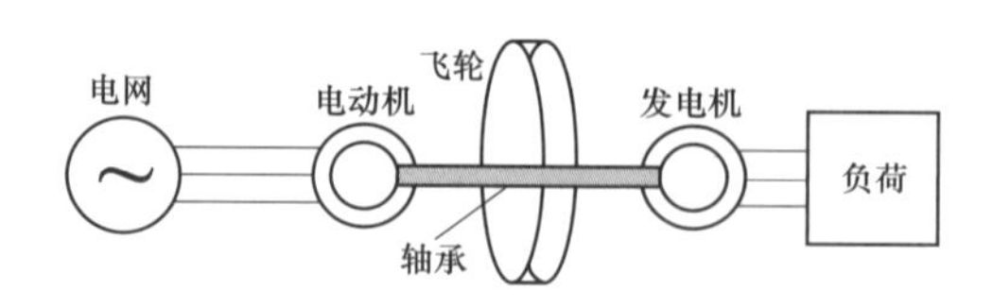

图 3 - 14　飞轮储能系统示意图

2019 年 4 月 8 日，我国首套完全自主知识产权的 100kW 飞轮储能系统商业化项目在四川德阳投运。该项目由二重（德阳）储能科技有限公司自主研制，部署应用在二重（德阳）重型装备有限公司数据中心。100kW 飞轮储能系统在大惯量转子、磁悬浮复合轴承和飞轮电动机等关键部件研制方面取得重要突破，标志着我国首台（套）具有完全自主知识产权的飞轮储能系统商业化应用的诞生，将对我国的飞轮储能行业发展产生积极影响。

3.3.2 化学类储能

化学类储能包括锂离子电池、钠硫电池、液流电池等电化学储能和氢储能。锂离子电池具有能量密度大、充放电倍率高的特点，随着成本的进一步下降，应用将更加广泛；钠硫电池和液流电池具有容量大、配置灵活的特点，在未来解决成本和安全性等问题后，将在大容量储能场合占有一席之地。氢储能具有能量密度高、清洁无污染、材料来源广泛等优势，将随着各国氢能战略的推进而快速发展。

（一）锂离子电池

锂离子电池具有充放电速度快、寿命长、效率高、环保性强的优点，但同时也存在稳定性相对差（易燃易爆）的安全风险。近年来，中国、韩国、比利时的部分锂电池储能项目均发生了火灾事故。未来，随着锂电池成本的进一步下降以及安全性的不断提升，锂电池的应用规模将继续保持强劲增长。

2019 年 1 月，美国夏威夷考艾岛“光伏发电＋锂电池储能系统”项目建成投运，如图 3－15 所示。该项目由美国储能厂商 AES 公司建设，由装机容量为

图 3－15　美国夏威夷考艾岛“光伏发电＋锂电池储能系统”

28MW 的太阳能发电系统和 100MW·h 锂离子电池储能系统组成。目前，夏威夷各岛的光伏发电设施在中午时发电过剩，而在夜间又需要依赖采用化石燃料的调峰电厂供电。该项目的投运将大大减少夏威夷电力系统夜间化石燃料的消耗，降低碳排放强度。AES 公司预计，该项目运行之后，每年将减少 370 万加仑柴油消耗。

2019 年 2 月 13 日，印度首个电网侧电池储能系统开通运营。该项由美国 AES 公司和日本三菱公司共同建设运营，建设容量为 10MW/10MW·h。该项目部署在印度塔塔集团新德里电力配电公司的一个变电站，将有助于提高当地电网的供电可靠性和运行灵活性。

2019 年，长沙槊梨变电站储能项目和怀柔北房变电站储能项目分别于 1 月 30 日和 7 月 9 日并网投运，如图 3 - 16 所示。长沙槊梨变电站储能项目共配置 3MW/6MW·h 磷酸铁锂电池储能系统，具有削峰填谷、负荷响应等功能。怀柔北房变电站储能项目位于怀柔科学城，安装容量为 15MW/30MW·h，储能电站可强化负荷感知和需求响应，对实现新能源消纳、电网削峰填谷、调压调频、提升应急供电能力等均具有积极作用。同时，怀柔科学城有很多大科学装置，如高能同步辐射光源、子午工程等，储能电站的建设对提高怀柔科学城供电可靠性具有重要意义。

图 3 - 16　怀柔北房储能电站示范工程

2018 年 12 月 28 日，安徽淮北公交场站光储充一体化项目并网投运。项目由光伏发电、充电桩、磷酸铁锂储能系统等部分组成，包括光伏发电装机 800kW、储能装机 13MW•h、直流充电桩 70 台。其中，光伏通过充电桩为电动公交车充电，自发自用，余电上网；在夜间电价低谷时刻，市电为储能系统充电；在电价峰值时刻，储能系统放电，通过充电桩为电动公交充电。项目配置的能量管理系统负责调节微电网内部电力平衡。项目建成投运有效解决了充电桩建设带来的配电增容难题，同时提升了终端绿色电力消纳水平。

（二）钠硫电池

钠硫电池的正极活性物质为液态硫和多硫化钠熔盐，负极的活性物质为熔融金属钠。钠硫电池具有能量密度高、功率特性好、循环寿命长等优点，但目前来看，制造成本、长期运行的可靠性、规模化成套技术能力等问题仍然是钠硫电池规模化应用的主要瓶颈。此外，由于电池在较高温度条件下运行，熔融态钠和硫直接反应过程中的安全问题也一直是用户在安装使用钠硫电池储能系统过程中所担忧的。

2019 年 1 月，总储能容量高达 108MW/648MW•h 的钠硫（NAS）电池储能系统在阿联酋首都阿布扎比建成投运。该系统分散部署在 10 个地点，共包括 12 个 4MW 储能子系统和 3 个 20MW 储能子系统。每个储能系统能够存储 6h 的电能。钠硫电池的运行温度约为 300℃，与锂离子电池相比，能够更好地适应阿布扎比当地的气候条件。项目建成投运将有助于推迟阿布扎比当地的火力发电厂投资，并确保用电高峰时段不再使用柴油发电机供电，提升电力系统的运行经济性和环保水平。

（三）液流电池

液流电池的活性物质是具有流动性的液体电解质溶液。由于大量的电解质溶液可以存储在外部并通过泵输送到电池内反应，所以相对于普通蓄电池来说，液流电池可以更加灵活地配置功率和容量，其配置规模可以大幅提升。全钒液流电池和锌溴液流电池是目前已经在电力储能中得到应用的两种液流电池技术。总体来看，该技术尚在不断完善中。

2018 年 12 月，“太阳能发电＋液流电池储能”系统在美国爱荷华州玛赫西管理大学建成投运。该项目由 1.1MW 的太阳能发电系统和 1.05MW•h 的钒氧化还原液流电池储能系统组成。

2019 年 1 月 5 日，湖北枣阳 3MW 光伏＋全钒液流电池 3MW/12MW•h 储能项目竣工投运。该项目是 10MW 光伏＋10MW/40MW•h 全钒液流电池储能项目的首期工程，也是目前国内最大规模的全钒液流电池光储用一体化项目。

（四）氢储能

电制气（Power to Gas，P2G）包括电制氢（Power to Hydrogen，P2H）和电制天然气（Power to Methane，P2M）等。电制氢技术包括碱性电解水制氢、固体聚合物电解水制氢及固体氧化物电解水制氢 3 种技术路线。碱性电解水技术发展成熟，成本较低，但效率较低；聚合物膜电解处于商业化起步阶段，效率较高，但成本较高；固体氧化物电解处于实验室研究阶段，效率最高。电制天然气是指电解水制取氢气后，使氢气和二氧化碳反应生产甲烷，如图 3-17 所示，利用现有成熟的天然气基础设施作为巨大的储运设施。其中，二氧化碳只作为一种能量载体被循环利用，并未额外增加碳排放。在此基础上进一步延伸发展出 P2X 技术，即电向其他能源品种的转换技术。

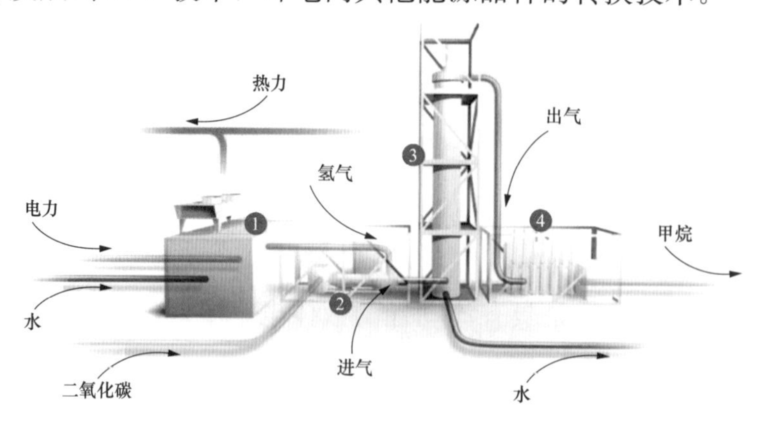

图 3-17　电制甲烷系统

1—电解槽；2—进气预处理；3—甲烷化反应装置；4—出气后处理

2019 年 6 月，德国韦塞林格的壳牌莱茵兰炼油厂的电制氢工程正式开工建设。该工程配置 10MW 的固体聚合物电解水制氢电解槽，预计 2020 年下半年完工，每年预计可制取 1300t 氢气。工程所生产氢气将作为炼油厂的生产原料以及汽车燃料。

2019 年 8 月，德国绿色和平能源（Greenpeace Energy）公司在德国布伦斯巴特尔建成规模为 2.4MW 的电制氢工程并投产。该工程用于水解制氢的电力来自附近风电场的 5 台风力发电机，总发电功率为 15MW。工程氢气产能为 $450m^3/h$（约合 40kg/h，标准状态），生产的氢气供应给氢燃料汽车的加氢站。

法国首个 PTG 示范项目“Jupiter 1000”经过两年多的建设，预计 2019 年底投入试运行，标志着法国电转气技术研究开始进入工程实施阶段。项目建设规模为 1MW，其中碱性制氢与固体聚合物电解水制氢规模分别为 500kW。氢气产量约为 $200m^3/h$（标准状态），甲烷产量为 $25m^3/h$（标准状态），主要解决市政燃气管道供给不足问题。

2018 年 7 月 4 日，兰州新区石化产业投资集团有限公司、苏州高迈新能源有限公司、中科院大连化物所在兰州共同签署了千吨级“液态太阳燃料合成：二氧化碳加氢合成甲醇技术开发”项目合作协议，该项目计划突破太阳能等可再生能源电解水制氢，以及二氧化碳加氢合成甲醇等关键技术，建立千吨级二氧化碳加氢制甲醇工业化示范工程。该项目的签约，标志着我国首个规模化液态太阳燃料合成工业化示范工程正式启动。

3.4 电网智能数字化支撑技术

新一轮技术革命正在兴起，尤其是以人工智能、移动通信、物联网、区块链为代表的新一代电网信息通信及智能化关键技术加速突破应用，深刻改变着能源电力的发展，为电力行业业务创新、智能数字化辅助决策、服务能力提升、市场竞争力增强等方面的发展提供广阔空间。以人工智能、移动互联、大数据等新兴技术为代表的泛在电力物联网在能源转型和技术革命发展背景下，通过与智能电网深度融合，将为提升电网安全经济运行水平、经营绩效以及服务质量等提供强有力的数据资源支撑，实现电力系统各个环节万物互联、人机交互，状态全面感知、信息高效处理，应用便捷灵活。

3.4.1 大数据与智慧能源

在电力生产运行过程中，产生各种类型的海量数据。按照产生方式的不同分类，包括设备监控数据、电网状态信息等；按产生环节的不同，包括发电侧、输变电侧、用电侧等。电力大数据反映了电力行业内部规律特征，通过相关技术对大数据的分析与研究，可以获得巨大的潜在价值。

2018 年 12 月 29 日，南方电网公司大数据中心在广州挂牌成立。大数据中心采用混搭式技术架构，具备 PB 级数据存储、秒级数据处理能力，汇聚全网经营管理数据和部分电网运行数据，为大数据中心建设打下基础。大数据中心将承担统一的大数据分析平台建设、开展数据资产管理、全网内外部数据归集、大数据分析服务和内外部数据合作等职责，进一步强化数据供给服务体系，构建包容开放的合作生态，实现数据可信、可用、可增值。

2019 年 7 月，杭州市发展和改革委员会、国网杭州供电公司共同召开发布会，正式推出杭州城市大脑·智慧能源板块。这是我国第一个基于泛在电力物联网理念建设的能源大数据平台，也是杭州推出城市大脑·智慧交通、智慧医疗等后上线的又一个全新板块，旨在充分发挥能源数据的价值担当，让城市管理更智慧、百姓生活更贴心、区域发展更生态，把杭州打造成“电力数据应用第一城”。

国网杭州供电公司通过在园区学生宿舍、会议室、充电桩等设施里安装智能空气断路器、智能插座、智慧电箱等感知与控制设备，自动地诊断园区各个位置的能耗情况，为智慧能源板块的企业用户提供 7×24h 不间断综合能耗监测和 1 套私人定制的优化功能方案。智慧能源板块除了构建产业能效新生态之外，在服务社会民生方面也将发挥越来越重要的作用。杭州供电公司推出了“独居老人服务”模块，把老人当前用电数据与他们的用电习惯进行实时匹配计算，每隔15min判断一次他们的生活状态，帮助其子女和社区志愿者在第一时间判断危险，联系老人实施救助。

2019年5月，国家电网有限公司大数据中心成立揭牌仪式暨大数据发布会，同时启动中国电力大数据创新联盟筹备工作。新成立的国家电网有限公司大数据中心是数据管理的专业机构和公司数据共享平台、数据服务平台、数字创新平台，负责数据的专业管理，实现数据资产的统一运营，推进数据资源的高效使用，为建设“三型两网”世界一流能源互联网企业提供数字化支撑。

以互联网、大数据、人工智能为代表的新一代信息技术蓬勃发展，对经济发展、社会进步、人民生活带来重大而深远的影响，能源电力新技术、新业态、新模式层出不穷，新的增长动能不断积聚。行业发展正处于新旧动能接续转换期，南方电网公司和国家电网有限公司相继成立大数据中心，目的是整合数据资源，打通数据壁垒，实现数据的汇聚、融合、共享、分发、交易、高效应用和增值服务，为电网业务和新兴业务提供平台化支撑。未来要把握好数字化、网络化、智能化发展机遇，持续深化大数据技术应用，推动坚强智能电网与泛在电力物联网融合发展，努力构建共建共享共治共赢的能源大数据生态体系。

3.4.2 人工智能与调度检修

智能电网以传统物理电网为基础，借助人工智能技术对电力系统的通信技术、控制技术、设备技术、测量技术及决策能力等进行完善升级，使传统电力系统形成一个拥有自愈能力的电网，提高电网的可靠性、安全性、高效性，实现电网的智能化、自动化、数字化。

2019年1月12日，虚拟人工智能配网调度员在浙江杭州电力公司应用，如图 3-18 所示。虚拟调度员大脑中储存着调度规程、安全规程、分析报告等数十万字的文本材料，以及上百太字节（TB）的设备、人员、电网拓扑等基础数据，5000h 语音数据。通过利用知识图谱技术加工和存储这些知识，形成自己的判断和理解。由虚拟调度员、智能搜索、抢修指挥专家等功能模块组成，可以替代人工自主完成计划检修许可、故障抢修指挥等工作。

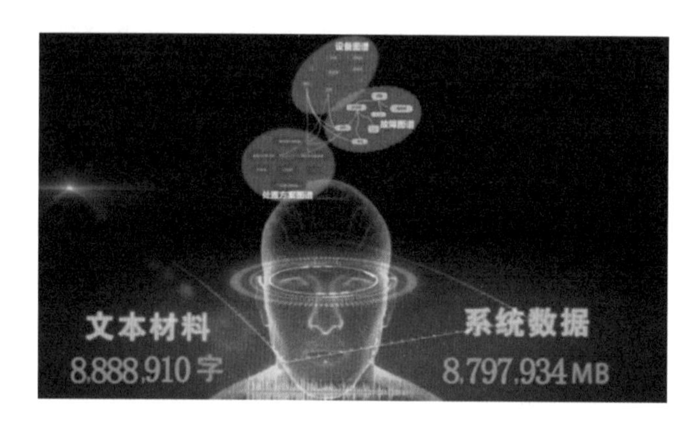

图 3-18　虚拟人工智能配网调度员示意图

正常情况下，每位调度员每天要送出 80 条工作许可，发出 300 多条开关操作指令，查看超过 1000 条配网报警信息，整个配网专业全年消耗在各类信息判断上的时间超过 4000 工时。目前，虚拟调度员可快速判断配电网报警信息，瞬时处理，大幅缩减判断时间。

2019 年 2 月，江苏电网首个虚拟人工智能（AI）供电抢修指挥员“小艾”正式“上岗”，可以通过对话完成故障研判、智能派发抢修工单等一系列抢修指挥任务。以往客户家中停电了，很难判断到具体哪一栋楼，只能研判到某一区域，主要要靠客户拨打报修电话才能确认具体位置。为了解决这一难题，扬州供电公司基于电力无线专网和人工智能技术开发了“配电网抢修 AI 虚拟座席”，通过选取楼宇集中表箱进行改造试验。“配电网抢修 AI 虚拟座席”通过接收电力 4G 通信终端失电告警，根据告警信息在供电服务指挥全资源地图中定位关联集中表箱位置，自动分析该集中表箱拓扑关系获取所属配电变压器及下属影响客户明细，自动匹配已知停电信息，通过透抄客户电表实时状态来智能校验故障信息准确性，智能分析出最优抢修派单策略及最优抢修路径，自动生成并派发主动抢修工单。故障处理结束后，“配电网抢修 AI 虚拟座席”接收电力 4G 通信终端复电告警，随机透抄客户电表确认供电恢复，完成抢修闭环。

2019 年 2 月 21 日，广东电网 19 个地调的主网调度全部完成管理模式调整，全新的“调控员”正式上岗。在传统的调控管理模式下，地调分设调度员和监控员。调度员主要负责调管范围内的调度指挥、调控及事故处理，监控员则负责运维范围内的设备操作、监视和控制。地调的调度与监控在同一场所办公，操作环节冗余，效率不高。随着电网感知和控制能力的增强，驱动了调度管理创新。广东电网按照《南方电网调控一体化调度监控运行管理规范（试行）》，率先实践“调监控合一”模式。此次调整后，地调的主网调度员、监控员职责融合，调度、监视、控制业务由主网调控一盘棋统筹安排，有效减少调度与监控之间的配合环节，实现调度与监控人力资源互济，提升了调度本质安全及工作效率。

2019 年 3 月 19 日，南方电网广东电网省地调度端程序化操作机器人（简称“调度操作机器人”）正式投运，调度端程序化操作在广东中调及 19 个局完成功能部署。传统的设备停复电操作模式，调度和现场运行单位分别填写调度指令票和倒闸操作票，调度逐项下令，现场单项执行，双方均需要一人监护、一人操作。以线路由运行转冷备用为例，整个过程需耗时 45min。实施调度操作机器人新模式后，南方电网广东电网省、地两级调度操作，由调度操作机器人在调度端实现远方遥控“一键操作”，操作设备与系统的隔离，全过程实现智能安全校核，而现场只需做安全措施相关的设备操作（如接地开关），线路停电时间最短至 2min。该模式革新了现有的工作流程，大大提升了操作效率，减少停送电、事故处理时间，有效防止调度人为误操作和现场人身伤害。下一阶段，南方电网广东电网公司探索应用基于人工智能技术，推进调度操作机器人 AI 升级，通过对调控运行人员思考和决策模式研究，进一步实现模拟人脑对电网建立综合模型数据的工作过程。

我国高度重视创新发展，把人工智能作为推动科技跨越发展、产业优化升级、生产力整体跃升的驱动力量，努力实现高质量发展。今年能源人工智能技术应用主要集中在电网调度和抢修方面。调度机器人通过快速判断配电网报警信息，大幅提升操作效率，减少停送电、事故处理时间，有效防止调度人为误操作和现场人身伤害；虚拟人工智能供电抢修指挥员通过对话完成故障研判，最优派发抢修工单，实时呈现抢修指挥全过程，为抢修人员规划获取备品物资的最佳路线，提升抢修效率。

3.4.3 区块链与能源数据共享

区块链技术作为一种新的数据库技术，可增加能源互联网中多利益主体的相互信任，其去中心化、公开、透明等特性与能源互联网的理念相符，并且在能源领域获得了越来越多的关注。区块链在能源领域的应用，目前主要集中在分布式能源系统、能源交易平台建设、电动汽车充电、碳追踪、智能设备连接和能源生产来源证书等方面。

2019 年 1 月 25 日，国家电网有限公司首个自主研发的区块链应用平台在国网浙江省电力有限公司顺利上线。该应用平台基于自主研发的区块链底层平台，通过区块链和物联网有机结合实现了能源计量数据的安全共享，从网络、数据、业务三个层面设计区块链在能源互联网的应用，有效支撑泛在电力物联网建设。国网浙江电力上线的区块链应用平台基于自主研发的区块链底层平台，通过区块链和物联网有机结合实现了能源计量数据的安全共享问题，从网络、数据、业务三个层面设计区块链在能源互联网的应用。通过在能源计量关口增加区块链网关确保多方主体数据一致，保障数据安全可信和用户隐私，解决数据安全共享问题，将数据所有权还给数据生产者。

基于能源计量数据的可信安全共享，该平台开发了分布式能源交易应用，实现了光伏的购售电双方的点对点交易，提升在补贴滑坡情况下的光伏收益，开发了光伏补贴发放应用，通过基于区块链的数据一致性，有效解决了光伏补贴发放审核流程长、成本高等问题，实现了光伏补贴的自动发放。在此基础上研究了区块链在财务、支付、积分、金融、物联网、存证等方面的应用，并提出基于区块链的实时物联网通信技术标准，该标准于2018年5月在国际电信联盟（ITU）立项，为物联网提供去中心化、安全、可信、实时的数据通信能力，支持跨物联网（IoT）域的物联网设备和应用系统之间直接通过非安全可信网络实现数据共享。

2019年3月28日，国家工信部区块链重点实验室电力应用实验基地在国网电商公司（国网金融科技集团）成立。该区块链重点实验室是目前全国唯一一家省部级区块链重点实验室，通过聚拢内外部区块链资源、加快区块链前沿技术创新研究应用，有助于加快推动区块链技术在泛在电力物联网领域的落地应用。2018年12月，国网电商公司可信区块链平台获得北京互联网法院的认可，成为北京互联网法院"天平链"中央企业唯一核心节点。该平台在"天平链"已累计完成26 800条记录存证，打破了区块链平台之间的数据与信任壁垒，为电力行业电子数据存证取证、数据信任传导、数据资源融通提供信任基础。此外，区块链技术也已在供应链金融、企业信用评价、光伏并网签约、电子发票等业务领域实现具体应用。

2018年11月，韩国电力公司（KEPCO）利用区块链技术开发名为"未来微电网"的微电网项目。其中"KEPCO Open MG"框架创了"开放能源社区"，通过现有微电网技术的元素与区块链相结合来改善能源基础设施，特别是当地的氢能经济。为解决该公司早期微电网在提供稳定电力方面的问题，KEPCO的开放式微电网通过利用"额外的燃料电池"作为电源，以提高能源的自立性和效率，并且不会排放温室气体。

3.4.4 5G技术与电力通信

与前几代2G/3G/4G移动通信技术相比，5G具有超大带宽超高速率、高可靠超低时延、超多连接等特点，网络能力极大提升。5G使个人用户将获得更好的体验，各垂直行业通过与5G相融合，将发展出丰富的行业应用。

智能电网是5G在垂直行业的典型应用之一。其中，5G“高速率”的特性可满足巡检机器人、无人机巡检、应急通信等智能电网大视频应用需求，“低时延”的优势可助力电网企业实现智能分布式配电自动化。

2019年2月，南方电网公司与中国移动、华为公司在深圳坂田完成全国首次基于5G网络的智能电网业务外场测试，验证了5G低时延及高可靠性业务的能力。该次为5G智能电网的一阶段外场测试，在外场真实复杂的网络环境中，5G低时延端到端达到平均10ms以内，表现良好稳定，可满足电网的差动保护和配电网自动化需求；核心网段和传输网段切片特性可满足电网的物理和逻辑隔离需求。

2019年4月3日，国网河南省电力公司联合河南移动合作，建成500kV高压变电站5G测试站，并在郑州官渡变电站投入使用，通过5G网络成功实现了变电站与远程高清视频交互。下一步工作将运用5G技术在电力信息采集、视频交互、自动控制、精准负荷控制、机器人巡检、虚拟现实（VR）巡检、无人机巡线、红外监控、移动作业、应急抢修和调度可视化等应用领域的业务试点研究。

2019年4月，国网南京供电公司联合中国电信、华为公司在南京完成基于真实电网环境的电力切片测试，这同时也是全球首个基于最新第三代移动通信合作计划（3GPP）标准5G独立组网（SA）的电力切片测试，测试系统如图3-19所示。该次测试基于5G SA电力切片，能够充分利用5G网络的毫秒级低

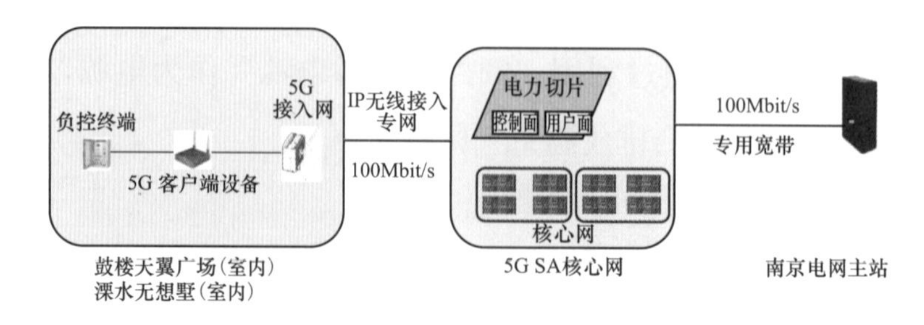

图3-19　基于3GPP标准5G SA网络的电力切片测试系统

时延能力，结合网络切片的服务等级协议（SLA）保障，增强电网与电力用户间的双向互动，有效提升在突发电网负荷超载的情况下对电网末端小颗粒度负荷单元的精准管理能力，将因停电所造成的经济、社会影响降至最低。

3.4.5 配电物联网

配电物联网针对电网的配电、用电环节，是传统电力工业技术与物联网技术深度融合产生的一种新型电力网络运行形态，通过赋予配电网设备灵敏准确地感知能力及设备间互联、互通、互操作功能，构建基于软件定义的高度灵活和分布式智能协作的配电网络体系，实现对配电网的全面感知、数据融合和智能应用，满足配电网精益化管理需求，支撑能源互联网快速发展，是新一代电力系统中的配电网的运行形式和体现。配电物联网具备如下应用特征：

（1）设备广泛互联。实现配电网设备的全面互联、互通、互操作，打造多种业务融合的安全、标准、先进、可靠的生态系统。

（2）状态全面感知。对电力设备管理及消费环节的全面智能识别，在信息采集、汇聚处理基础上实现全过程、资产全寿命、客户全方位感知。

（3）应用灵活迭代。以软件定义的方式在终端及主站实现服务的快速灵活部署，满足形态多样的配电网业务融合和快速变化的服务要求。

（4）决策快速智能。综合运用高性能计算、人工智能、分布式数据库等技术，进行数据存储、数据挖掘、智能分析，支撑应用服务、信息呈现等配电业务功能。

（5）运维便捷高效。传统电力工业控制系统深度融合物联网 IP 化通信技术，基于统一的信息模型和信息交换模型实现海量配电终端设备的即插即用免维护。

国家电网有限公司在“三型两网”战略目标中提出，到 2021 年初步建设泛在电力物联网。配电物联网技术实现了泛在电力物联网技术与配电网设备的广泛融合，进一步提高了配电网智能化水平，有效提升了运行效率效益和安全可靠性。

目前，国家电网在多地开展了配电物联网技术的应用实践。国网山东省电力公司相继完成济南东城逸家小区配电室、青岛哈工程人才公寓配电室的物联网化改造，不断拓展在配电物联网方面的实践应用，创新优化配电网运维管理模式，进一步提升客户用电感受。

2019 年 3 月 29 日，位于济南市汉峪金谷金融核心区的东城逸家小区配电室改造完成，为全国首个物联网配电室；2019 年 3 月 31 日，青岛市哈工程人才公寓物联网配电室建设完成，服务古口镇军民融合示范区。

在济南、青岛两地配电室的建设过程中，国网山东电力完成了近百项技术验证，实现了创新应用和阶段性突破。其中，在济南共完成 2 台变压器、9 台低压柜、6 台低压分支箱、26 台表箱及 150 台智能设备的物联网化改造，应用 28 项技术成果；在青岛共完成 11 台高压柜、4 台变压器、18 台低压柜、68 个表箱及 82 台智能设备的物联网化改造，应用端层设备 27 类、383 个，应用 34 项技术成果。借此，国网山东电力实现了“云 - 管 - 边 - 端”配电物联网技术体系落地应用，为全面建设配电物联网示范区积累了宝贵经验。例如，在青岛市哈工程人才公寓配电室配置了一种物联网配电室的关键设备——物联网智能通信单元，将不同协议设备采用统一信息模型和受限应用协议（CoAP）上报，实现协议差异本地终结的目标，全面支持“端”层设备“即插即用”，可以将传统设备改造成具备物联网通信功能的设备，对于未来存量配电室物联网化改造的作用不可估量。

2019 年 7 月 24 日，基于边缘计算的配电网网格边缘代理系统在苏州平江区试点应用。该系统作为苏州配（用）电物联网建设的中枢系统，使配电网网格具有类似“人脑”的自主计算功能，可自动调节管辖范围内数万千瓦量级可控负荷，具备故障预知、故障定位、线损管理、状态监测、用户用能分析等 10 个功能。

常规基于云技术的配电网管理方式是将数以亿计的数据上传到主站，虽具备一定的边缘计算能力，可对于日高峰值达到2600万kW的苏州配网来说，调节能力有限。配电网网格边缘代理系统是通过分布式计算方式，将数据和应用程序下放到配电网供电网格。系统可自主计算，优化管理区域内的设备及负荷，不仅能为上级调度减负，还能实现各类故障自愈。目前可做到1s内锁定故障位置，30s内隔离高压故障恢复供电，故障信息同步报送至最近抢修人员，抢修人员达到故障现场的平均时长将缩短到16.2min。配电网网格边缘代理系统还可以24h不间断自动巡视电力设备，综合分析供电设备运行状态，提前发现设备缺陷，实现设备检修管理模式从“人工监护”到“无人化运维”的转变。

3.5 小结

2018年以来，输配电、储能、电网智能数字化等技术持续创新应用，推动电网结构形态灵活柔性转变、智能数字化水平提升。其中，输配电、储能等先进技术加快在电网的推广应用，促进电网结构形态的柔性可靠、多元互动化发展。智能数字化支撑技术与电网业务深度融合，推动电网智能化、数字化转型。

(1) 柔性直流输电、先进FACTS、超导电力等相关核心技术和装备加快示范应用，促进电网运行更为柔性可控、安全高效。

柔性交直流输电方面，高电压等级、大容量的柔性直流换流阀以及多端混合直流输电技术逐步启动建设，随着换流阀等核心元件的研发应用，柔性交直流输电技术在区域互联、清洁能源跨区消纳方面将加快实现规模化应用。先进FACTS技术方面，静止同步串联补偿器（SSSC）、静止同步补偿器（STATCOM）等先进FACTS技术开始示范投运，未来随着相关成本下降、技术更趋成熟，先进FACTS技术可推广应用于城市电网解决潮流分配不均、输送能力受限、无功补偿控制等问题。超导电力技术方面，国内主要侧重于超导电缆研究，实现低损耗的长距离输电；国外如欧洲研发了超导风电技术，使风机体积更小、质量更轻、损耗更小。

（2）交直流混合配电网、主动配电网、电动汽车有序充放电等配用电技术加速推广应用，提升配电网灵活可靠、多元互动性。

交直流配电网方面，大容量多端、基于柔性变电站的交直流混合配电网技术在国内示范应用，发挥直流配电网在接纳分布式电源、兼容直流负载上的优势，实现配电网的灵活调控。主动配电网方面，基于“源－网－荷”综合管理的主动配电网技术，实现可再生能源的规模化接入、提升配电系统运行经济性、保障用户用电质量和供电可靠性。电动汽车方面，规模化示范有序充放电技术，增强电动汽车用户与电网的互动，在满足用户用车需求的同时，提升配电网运行效率。

（3）电化学储能技术快速发展，在电力系统调峰调频、黑启动、电压控制等方面发挥着重要作用，有力提升了电网安全可靠运行水平。

国内方面，由于储能无法纳入输配电价、用户侧峰谷价差减小等原因，装机规模增速放缓；国外方面，美国、韩国、英国等国装机规模继续保持较高增速。锂电池储能方面，装机规模进一步增加，放电深度、循环寿命等关键技术指标不断提升，系统成本下降约30%。氢储能方面，电制氢技术产业化进程加快，试点项目不断增加。德国政府与企业、学校联合，致力于在商业应用、技术开发两方面为P2G的推广开辟空间，2019年新建P2G项目8个，在建及规划阶段项目共16个。

（4）以大数据、人工智能、区块链、5G通信、配电网物联网等先进信息通信技术为代表的泛在电力物联网与电网业务深度融合，有效提升电网数字化、智能化水平。

大数据方面，南方电网公司和国家电网有限公司相继成立大数据中心，整合数据资源，打通数据壁垒，实现数据的汇聚、融合、共享、分发、交易、高效应用和增值服务。人工智能方面，应用主要集中在电网调度和运维抢修，通过调度机器人、人工智能供电抢修指挥员大幅提升操作、抢修效率，减少送电、事故处理时间。区块链方面，应用主要集中在能源数据共享、微电网系统等领域，国内主要开发基于区块链的应用平台，国外如韩国电力公司主要将区块链与微电网技术元素结合，实现数据安全共享与能源效率提升。电力通信方面，通过基于5G通信的智能电网业务测试，5G低时延及高可靠性有效满足了电网保护系统、配电网自动化、精准管控能力需求。配电物联网方面，应用智能传感装置、边缘计算等泛在电力物联网技术于配电网设备，可制定健康状态个性化定制检修策略，实现对数万千瓦量级可控负荷的自动调节。

4

电网安全与可靠性

本章分析了典型国家和地区电网的安全与可靠性现状。2018 年以来，美国、巴西、委内瑞拉、阿根廷、印度尼西亚、英国等国家发生大停电事故，给当地经济社会带来巨大的负面影响。本章介绍了五起大规模停电事故的概况，对其进行原因剖析，在总结传统电网风险基础上，阐述了未来电网安全面临的新风险。

4.1 国内外电网可靠性

4.1.1 美国电网

2018 年美国电网户均停电次数 1.38 次/户，户均停电时间为 361min。根据 2013 年以来的数据看，2017 年美国户均停电时间显著高于其他年份，这主要是当年遭受飓风、冰雹等自然灾害所导致。自 2014 年起，美国的户均停电次数变化较小，稳定在 1.3～1.4 次/户。2013—2018 年美国户均停电次数、户均停电时间变化如图 4-1 所示。

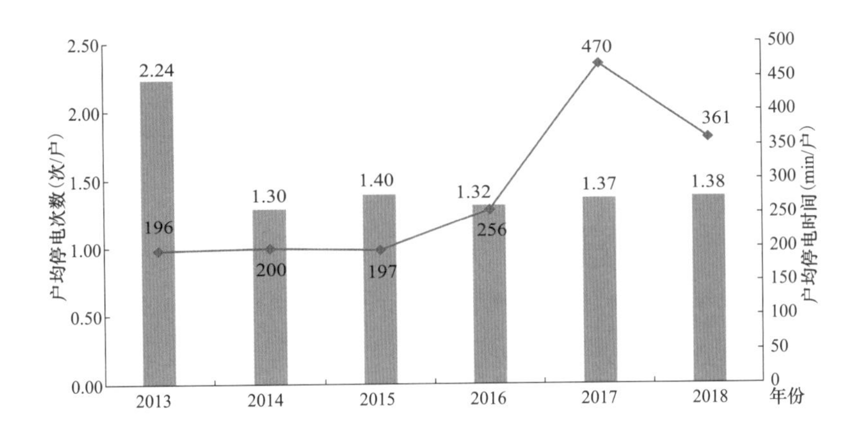

图 4-1　2013—2018 年美国户均停电次数、户均停电时间变化

数据来源：美国能源信息部（EIA），Annual Electric Power Industry Report（电力工业年报）。

4.1.2 英国电网

2018年，英国电网户均停电时间为35.5min，较上年微增。从2015—2018年的数据看，2015年户均停电时间最长，为39.16min，自2016年开始较为稳定，但有逐年上升的趋势，如图4-2所示。

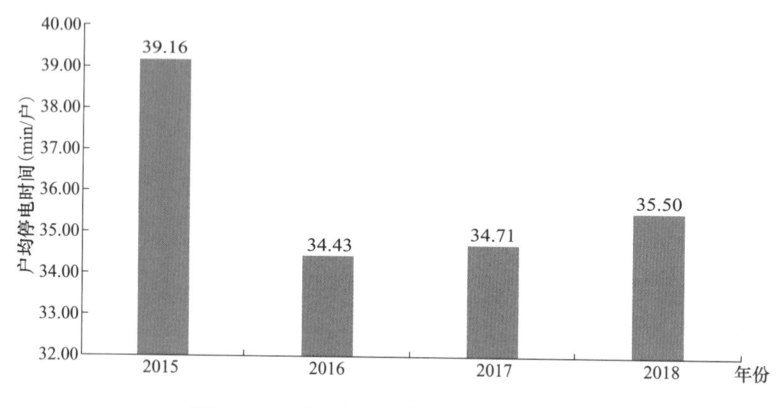

图4-2 英国近4年户均停电时间

数据来源：英国天然气电力市场办公室，RIIO[1]配电年报2017—2018。

英国不同配电网运营商的供电可靠性差别较大，2018年，苏格兰水电配电公司的户均停电时间最长，为55.24min；伦敦电力网络公司最短，为16.74min。2018年英国不同配电公司的户均停电时间如图4-3所示。

4.1.3 日本电网

2017财年（2017年4月1日—2018年3月31日），日本户均停电次数为0.14次/户，户均停电时间为16min。2011年发生福岛大地震之后，日本电网可靠性变化较小，与福岛大地震之前基本持平。1982—2017年日本户均停电次数、户均停电时间变化如图4-4所示。

[1] RIIO是自2015年起，英国对天然气和电力市场执行的新价格监管体制。RIIO强调输配电企业的收入（Revenue），应该是依据激励机制（Incentives）、创新机制（Innovation）和产出绩效（Outputs）来综合进行确定，即收入=激励+创新+产出绩效。

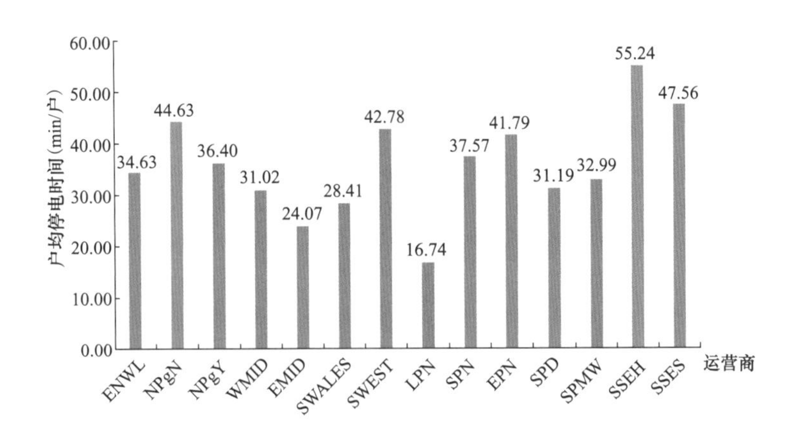

图 4-3 2018 年英国各公司户均停电时间

ENWL—西北电力有限公司；NPgN—北方电网（东北）有限公司；NPgY—北方电网（约克夏）有限公司；WMID—西部配电（西米德兰）有限公司；EMID—西部配电（东米德兰）有限公司；SWALES—西部配电（南威尔士）有限公司；SWEST—西部配电（西南）公司；LPN—伦敦电力网络公司；SPN—东南电力公司；EPN—东方电力有限公司；SPD—SP 配电公司；SPMW—SP 马其赛特郡和北威尔斯电力公司；SSEH—苏格兰水电配电公司；SSES—南方电力配电公司

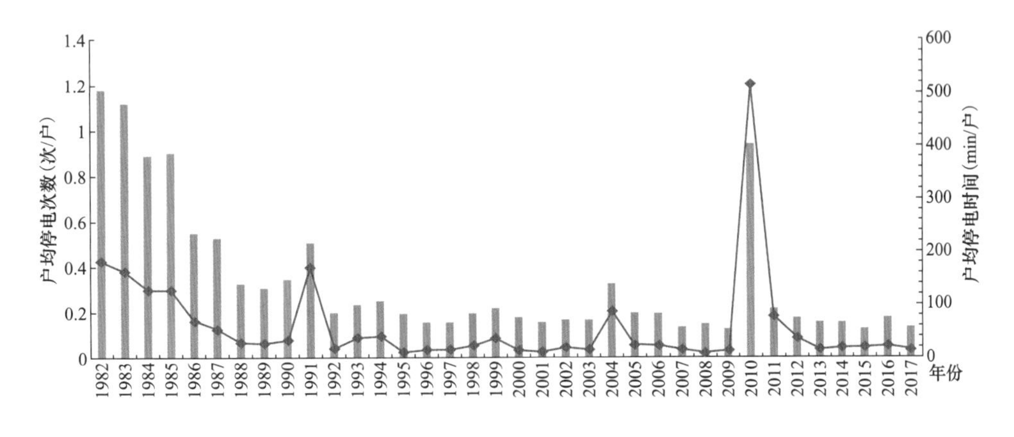

图 4-4 1982—2017 年日本户均停电次数、户均停电时间变化

数据来源：日本电气事业联合会（FEPC）。

2017 财年，日本不同事故原因导致发生的停电次数如图 4-5 所示，可以看出，主要原因是风/水灾、外物接触（如树木、动物、风筝等）、设备不良（如制造、施工缺陷等）、维护不善，共导致发生停电 9356 次，占总停电次数 70%。

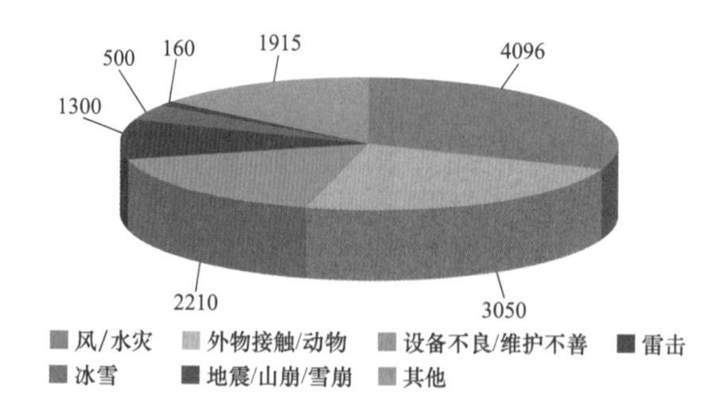

图 4-5　日本不同事故原因导致发生的停电次数

4.1.4　中国电网

（一）我国与国外供电可靠性对比分析

发达国家的配电网系统较为完善，日本和欧美国家尤为领先，供电可靠性已经达到很高水平。我国为 286.2min（其中公司系统为 252.6min），处于第二梯队，优于大多数亚洲、非洲、南美洲国家，落后于欧洲、北美等发达国家和地区。由于我国电网处于发展阶段，预安排停电约占 63%，而发达国家电网较成熟，预安排停电仅占约 30%，扣除预安排停电后，我国户均故障停电时间（不计入预安排停电、重大事件时间）为 106.8min，优于部分欧美国家。我国与世界部分国家用户平均停电时间对比如图 4-6 所示。

（二）全国供电可靠性

2018 年，全国平均供电可靠率为 99.820%，同比上升 0.006 个百分点；用户平均停电时间（包括故障停电时间、预安排停电时间和重大事件停电时间，下同）为 15.75h/户，同比减少 31.2min/户；用户平均停电频率为 3.28 次/户，同比持平。其中，全国城市平均供电可靠率为 99.946%，农村平均供电可考虑为 99.775%，城市、农村供电可靠率相差 0.171 个百分点；全国城市用户平均停电时间为 4.77h/户，农村用户平均停电时间为 19.73h/户，城市、农村用户平均停电时间相差 14.96h/户；全国城市用户平均停电频率为 1.11 次/户，农

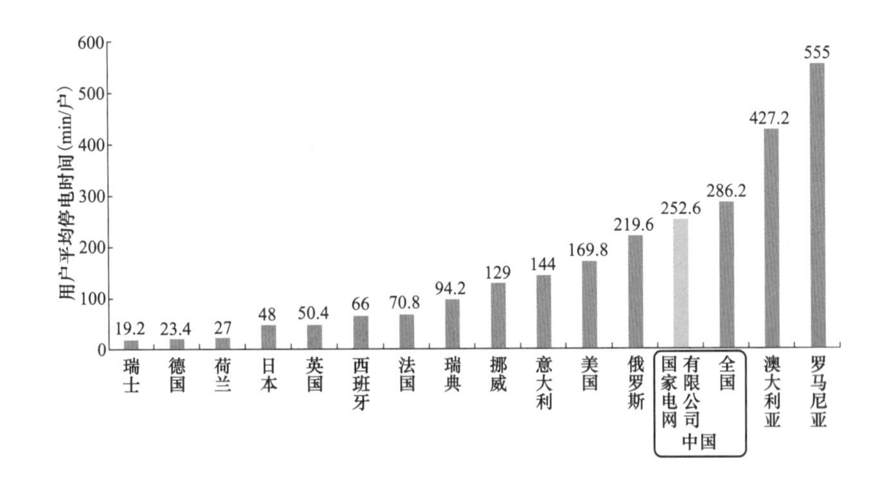

图 4-6　我国与世界部分国家用户平均停电时间对比

统计口径说明：**停电事件的统计：**我国包括预安排停电、故障停电、重大事件停电，一些国家只统计故障停电。**统计地区：**我国区分市中心、市区、城镇和农村，大部分国家没有区分城市和农村，图 4-6 中采用我国城网户均停电时间进行对比。

村用户平均停电频率为 4.07 次/户，城市、农村用户平均停电频率相差 2.96 次/户。2018 年全国供电系统用户供电可靠性指标汇总如表 4-1 所示。

表 4-1　　2018 年全国供电系统用户供电可靠性指标汇总

可靠性指标	全口径 (1+2+3+4)	城市 (1+2+3)	市中心 (1)	城镇 (2+3)	农村 (4)
等效总用户数（万户）	951.01	252.99	27.00	226.02	698.01
用户总容量（亿 kV·A）	33.90	16.41	2.50	13.91	17.49
线路总长度（万 km）	477.52	91.28	10.97	80.31	386.24
架空线路绝缘化率（%）	23.83	56.57	60.63	56.29	19.93
线路电缆化率（%）	16.27	53.37	75.01	50.42	7.50
供电可靠率（%）	99.820*	99.946*	99.974*	99.942*	99.775*
	99.825**	99.948**	99.974**	99.945**	99.781**
平均停电时间（h/户）	15.75*	4.77*	2.31*	5.07*	19.73*
	15.30**	4.58**	2.24**	4.86**	19.18**

续表

可靠性指标	全口径 (1+2+3+4)	城市 (1+2+3)	市中心 (1)	城镇 (2+3)	农村 (4)
平均停电频率 (次/户)	3.28*	1.11*	0.54*	1.17*	4.07*
	3.22**	1.08**	0.53**	1.15**	3.99**
故障平均停电时间 (h/户)	6.46*	1.78*	0.85*	1.89*	8.16*
	6.01**	1.59**	0.78**	1.69**	7.61**
预安排平均停电时间 (h/户)	9.29	2.99	1.46	3.17	11.58

数据来源：国家能源局，2018 年全国电力可靠性年度报告。

注 1—市中心区；2—市区；3—城镇；4—农村。

* 剔除重大事件前指标。

** 剔除重大事件后指标。

2014—2018 年，全国供电可靠性指标逐步趋于稳定。城市用户的平均供电可靠率在 99.95%左右，用户平均停电在 4～5h，用户平均停电频率低于 2 次，基本满足了经济社会对电力安全可靠供电的需求。与城市相比，农村用户的供电可靠性起伏较大，平均停电时间在 20h 左右，平均停电频率超过 4 次。2014—2018 年全国供电系统供电可靠率变化、平均停电时间变化、平均停电频率变化分别如图 4-7～图 4-9 所示。

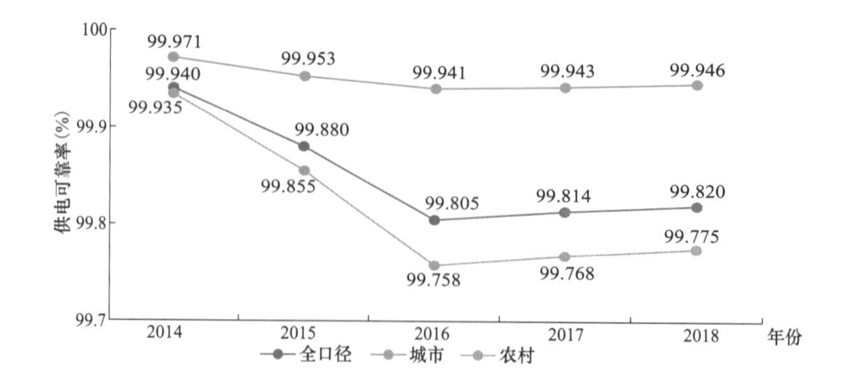

图 4-7　2014—2018 年全国供电系统供电可靠率变化

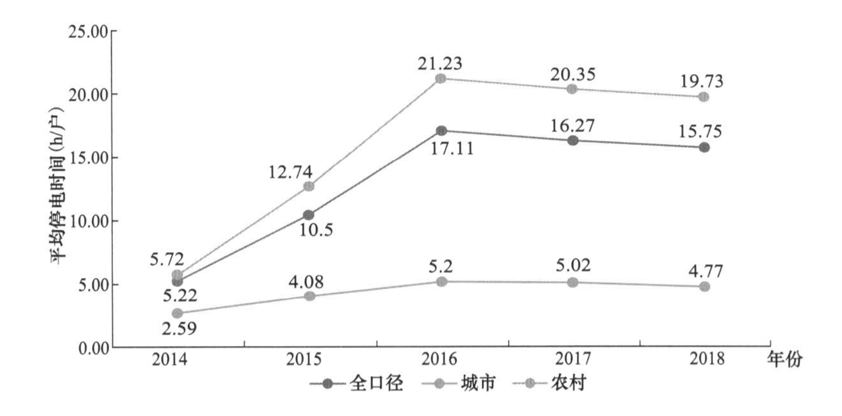

图 4-8　2014—2018 年全国供电系统平均停电时间变化

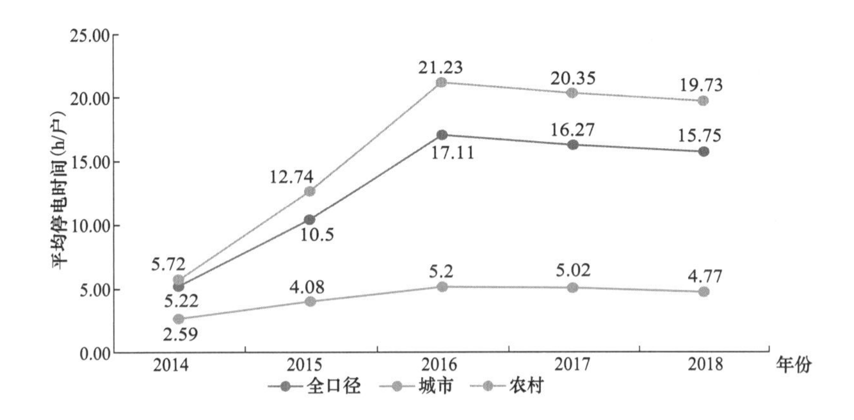

图 4-9　2014—2018 年全国供电系统平均停电频率变化

（三）区域供电可靠性

2018 年，全国 6 个区域中[1]，南方区域及华北区域的系统平均供电可靠率同比有较大幅度上升。华北、华东的系统平均供电可靠性指标优于全国平均值，其中，用户数最多、用户总容量最高的华东区域的供电可靠性平均水平领先其他区域，西北区域供电可靠性水平明显低于其他区域。

[1] 华北区域包括北京、天津、河北、山西、山东、内蒙古；东北区域包括黑龙江、吉林、辽宁；华东区域包括江苏、浙江、上海、安徽、福建；华中区域包括河南、湖北、湖南、江西、四川、重庆；西北区域包括陕西、甘肃、宁夏、青海、新疆、西藏；南方区域包括广东、广西、云南、贵州、海南。

华北、华东、华中 3 个区域的城市用户平均停电时间低于全国平均值（4.77h/户），华北、华东两个区域的农村用户平均停电时间低于全国平均值（19.73h/户）。其中区域内城市与农村用户平均停电时间相差最小的是华东地区，为 8.54h/户，区域内城市与农村用户平均停电时间相差最大的是西北地区，为 21.45h/户。2018 年各区域城市、农村、全口径用户平均停电时间对比如图 4-10 所示。

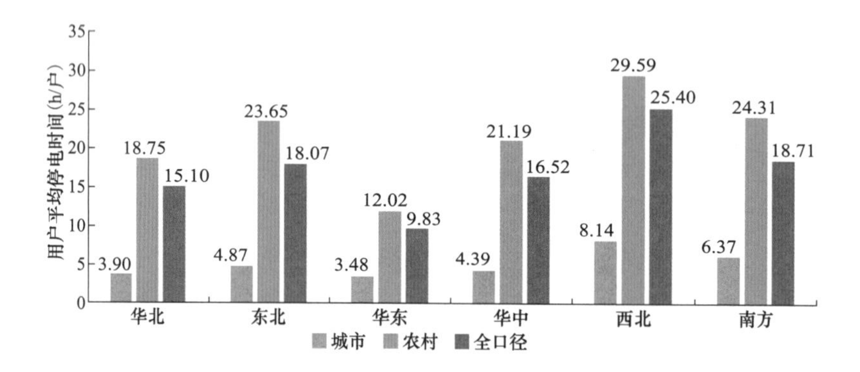

图 4-10　2018 年各区域城市、农村、全口径用户平均停电时间对比

华北、东北、华东、华中 4 个区域的城市、农村用户平均停电频率均低于全国平均值（1.11 次/户、4.07 次/户）。其中，区域内城市与农村用户平均停电频率相差最小的华东地区，为 2.10 次/户，区域内城市与农村用户平均停电频率相差最大的是南方地区，为 4.43 次/户。2018 年各区域城市、农村、全口径用户平均停电频率如图 4-11 所示。

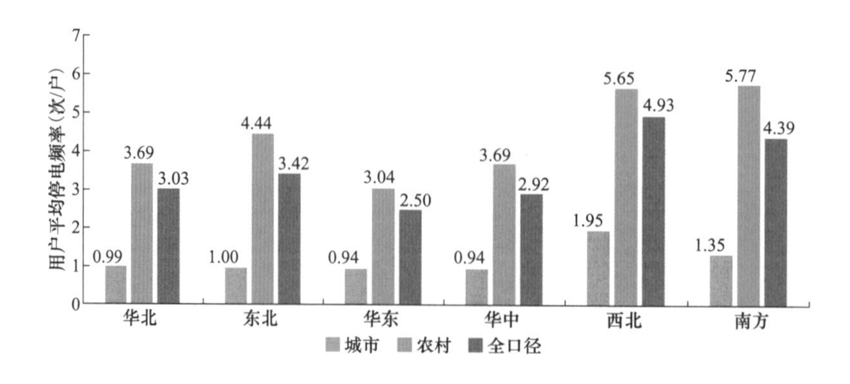

图 4-11　2018 年各区域城市、农村、全口径用户平均停电频率

(四) 重点城市供电可靠性

北京、上海用户平均停电时间小于1h，与伦敦（38min）、巴黎（15min）较为接近。北京金融街、上海陆家嘴等城市核心区用户平均停电时间小于0.5min，供电可靠率已经达到99.9999%，与新加坡、东京主城区配电网的水平相当。重点城市用户平均停电时间如图4-12所示。

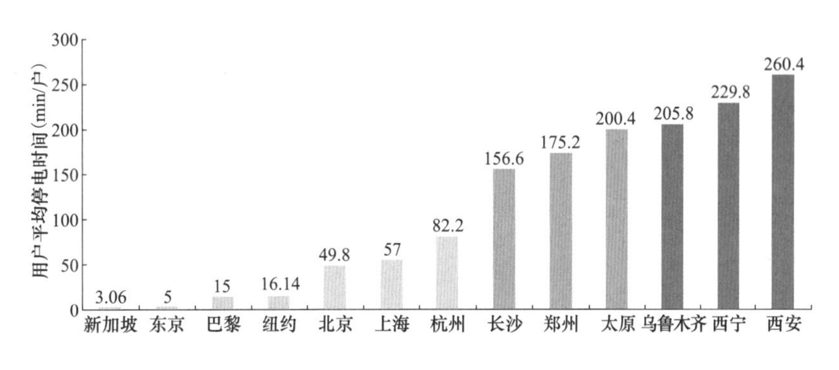

图4-12 重点城市用户平均停电时间

4.2 国外电网典型停电事件分析

2018年以来，美国、巴西、委内瑞拉、阿根廷、印度尼西亚、英国等国家发生大停电事故，给当地经济社会带来巨大的负面影响。表4-2列出了2018年以来国外大规模停电事故相关信息。2018年巴西“3·21”大停电事故在《国内外电网发展分析报告（2018)》中已有论述，下面针对委内瑞拉、阿根廷、美国纽约、印度尼西亚、英国伦敦大停电事故进行分析。

表4-2 2018年以来国外大规模停电事故相关信息表

时　间	停电地区	造成的影响
2018年3月21日	巴西北部和东北部	1800万kW负荷损失，占巴西全国联网系统的22.5%
2019年3月7日及7月22日	委内瑞拉加拉加斯在内的19个州	影响约3000万人

续表

时　间	停电地区	造成的影响
2019年6月16日	阿根廷圣达菲、圣路易斯、福尔摩沙、拉里奥哈、丘布特、科尔多瓦和门多萨，以及巴西、智利、乌拉圭和巴拉圭的一些地区	影响约4800万人
2019年7月13日	美国纽约曼哈顿部分地区	约7.3万用户停电，波及160万人正常生活
2019年8月4日	印度尼西亚	影响约3000万人
2019年8月9日	英国	切负荷80万kW

4.2.1　委内瑞拉大停电

（一）基本情况

2019年3月7日下午4时50分（委内瑞拉当地时间，下同），委内瑞拉发生全国性大停电，停电区域包括首都，停电的直接原因是古里水电站（该水电站在停电前提供全国超过四成的电量供应）及其送出圣·格若尼莫B变电站发生故障。

据委内瑞拉总统马杜罗称，停电后，委内瑞拉紧急采取措施，截至3月9日上午，该国70%的停电区域供电已恢复。

3月9日上午10时，停电后维持供电的关键性枢纽电站西多尔变电站发生爆炸起火，致使恢复供电的区域重新陷入停电。

3月11日晚间，委内瑞拉每个州都有一些地区恢复供电。

3月12日，西部州梅里达和苏利亚州开始恢复供电，政府要求在完全恢复供电前避免使用大容量负载。

3月13日下午6时40分，委内瑞拉信息部长罗德里格斯宣布供电已完全恢复。

3月14日下午6时36分，委内瑞拉联合社会党官方推特账号发布消息，各级教育机构于当地时间3月18日恢复运转。

（二）事故原因分析

此次事故发生后，委内瑞拉官方、委内瑞拉反对派、国外媒体及美国政要均对事故原因进行了表述：

（1）马杜罗政府官方观点。

此次停电事故是美国对古里水电站、委内瑞拉电网实施网络攻击、电磁攻击[1]，以及委国内反对派渗透破坏，两股势力合谋所致。委内瑞拉总统马杜罗称，攻击直接来自芝加哥和波士顿。委内瑞拉通讯部长罗德里格斯说，大停电事故起因是对电厂大坝运行控制系统的网络攻击，该运行控制系统根据电网供需情况调节发电机出力。

（2）瓜伊多反对派观点。

事故发生后，瓜伊多认为此次事故是由于古里水电站送出线路廊道发生火灾引起送出3回765kV线路跳闸，导致国家中心变电站失压。而政府多年来管理不善，在过去10年中，原规划新建的十几个火力发电厂均未投产，造成委内瑞拉电力供应紧张，没有足够的备用容量应对古里水电站的停运。瓜伊多称，委内瑞拉的主要发电厂建设年代久远，这次停电是效率低下、能力不足、政权腐败的产物。

（3）国外主流媒体和美国政要观点。

美国华盛顿邮报、华尔街日报等媒体认为，委内瑞拉此次停电事故史无前例，但并非外部蓄意破坏造成，主要原因有两个方面。一方面，委内瑞拉政府及电力企业内部腐败问题严重，长期对电力系统疏于管理，缺乏安全防范措施，电力基础设施老化问题严重；另一方面，委内瑞拉政府恢复供电的专业能力欠缺，致使停电迟迟得不到恢复。

[1] 马杜罗3月9日在加拉加斯的公开演讲中声称美国采用先进的电磁攻击中断电力传输，这项技术只有美国掌握。

纽约时报称，委内瑞拉停电的原因并非是网络攻击，而是由于山火导致将古里水电站发出的电力输送至全国的圣格若尼莫 B 变电站在 3 月 7 日发生了故障导致，山火破坏了变电站母线，使电网失去稳定，进而使古里水电站机组发生切机故障。由于技术人员缺乏，3 月 9 日的事故是由于发电机重启并网时导致古里水电站附近的一个变电站发生爆炸。

英国 BBC 称，委内瑞拉过度依赖水电供电，并且电力基础设施缺乏必要维护费用的投资，致使小规模停电事故时有发生，而委内瑞拉政府仅是采取限电措施，而非采取系统性、科学性的安防之策。

日本时报认为，委内瑞拉电力技术人才较为匮乏，且近年经济衰退背景下大量人才外流，导致电力行业的人才危机，从而缺乏应对电网安全事件的基本能力。

俄罗斯塔斯社认为，事故由美国策划的网络攻击所致，旨在制造社会恐慌，引发委内瑞拉内对马杜罗政府的不满情绪，迫使马杜罗下台。

美国国务卿蓬佩奥称，这次停电以及给委内瑞拉人带来的破坏，并不是因为美国，也不是因为哥伦比亚、厄瓜多尔、巴西、欧洲或其他任何地方。电力不足和饥荒都是因为马杜罗政权的无能。

综合不同的观点，本次委内瑞拉停电事故原因主要分为两类观点，一类观点认为停电是因为网络攻击及蓄意破坏，另一类观点认为委内瑞拉电力系统发展问题累积所导致。

从电网结构上，委内瑞拉电网存在明显薄弱环节。委内瑞拉电力流呈现从东向西输送特征，圣格若尼莫 B 变电站是委内瑞拉东电西送通道上的枢纽，一旦出现故障，势必导致电力流无法转移，网架结构存在极大安全风险隐患。

4.2.2 阿根廷大停电

（一）基本情况

2019 年 6 月 16 日早上 7 点（阿根廷当地时间，下同），阿根廷发生大停电事故[1]，全国除火地岛省之外均遭受了大规模停电，包括布宜诺斯艾利斯省在内的多个省份电力供应中断、地铁和火车停运，根据阿根廷能源国务秘书处公告，约有4800万人受到停电影响。

根据阿根廷主要配电商埃德苏尔电力公司公布的消息，此次停电因阿根廷境内连接亚莱塔和桑托格兰吉两座水电站的500kV输电线路受极端天气影响，随后导致相关电厂因频率保护动作断网，由于局部事故未得到及时有效控制，波及面迅速扩大，造成全国大停电。

（二）停电原因分析

在大停电事故发生后，阿根廷能源局局长古斯塔沃·洛佩特基向参议院、能源和矿产委员会提交了一份关于停电原因的报告。

根据该报告，事故起因是科洛尼亚埃利亚-坎帕纳线路发生短路，虽然这是一种常见现象（每年约出现60次），但是相关发电机调节系统没有发生作用，该系统能够控制发电机让其减少电力供应，因此造成故障发生。发电机过早断开导致电力输配商没有足够时间来进行故障处置。

能源局局长古斯塔沃·洛佩特基表示，发电机自动断开系统应该处在正常运行状态。没有正常运作的原因是特兰塞纳公司的操作失误。他们在进行电缆维修后没有及时重新接上发电自动断开系统。

此次停电事故暴露了阿根廷电力系统的深层次问题是管理体制松散、电网关键设备运维检修操作方式不当、监管机制不完善，由小事故扩大为重大停电事故。

4.2.3 美国纽约大停电

（一）基本情况

2019年7月13日下午约7时（美国当地时间，下同），纽约曼哈顿部分地

[1] 大停电事故波及乌拉圭、巴西、巴拉圭、智利部分地区，约4800万人受到影响，事故造成阿根廷首都布宜诺斯艾利斯在内的多个地区电力供应中断、地铁和火车停运。

区出现大停电，停电持续约 6h。

此次停电与纽约 1977 年大停电发生在同一天，加之停电区域为曼哈顿中城、上西的部分地区等核心区，对当地居民生活造成影响很大。曼哈顿地区人口密度大、商业服务密集，虽然面积不是很大，但影响时间和地区特殊、影响人口众多。此次停电影响用户最多时达 7.3 万户，约占纽约市用户的 2.1%，从傍晚持续到凌晨，交通信号灯中断、电梯停运以及地铁服务受到限制。

（二）停电原因分析

7 月 15 日，爱迪生公司通过官网公布，此次停电原因是一次强烈的输电网扰动发生后，曼哈顿西 64 街电缆故障，西 65 街继电保护系统失灵，引起西 49 街变电站设备故障起火，进而造成大停电事故发生。

4.2.4 印度尼西亚大停电

（一）基本情况

2019 年 8 月 4 日上午 11 时 50 分（印尼当地时间，下同），印尼首都雅加达和西爪哇地区发生停电事故，影响雅加达大都会地区和西爪哇的几个地区，停电人口超过印尼总人口 1/2❶。随后，印尼国家电力公司执行副总裁、新闻发言人梅德召开新闻发布会，表示将全力做好抢修恢复工作。一是保障故障燃气机组安全，并启动故障电站其他备用燃气机组。二是对故障机组同类型的燃气机组情况进行评估。三是采取负荷控制，降低停电影响。

23 时左右，雅加达大部分地区恢复供电。此次停电导致城市交通灯、电力通勤线、捷运列车等公共基础设施停运，信用卡、提款机等无法使用，造成雅加达大部分地区交通停滞、通信中断，陷入混乱。但尚未影响到备有应急发电机的国际机场和公立医院。

❶ 印尼总人口约 2.67 亿。其中，雅加达超过 3000 万；爪哇岛作为世界上人口最稠密的岛屿之一，人口约 1.5 亿。

（二）停电原因分析

8月5日，印尼总统佐科到印尼国家电力公司视察，要求制定应急计划，防止大规模停电事故。印尼国家电力公司代理总裁斯里贝尼在新闻发布会上表示，此次停电事故从爪哇岛东部向西部蔓延，故障是由于位于中爪哇地区的乌卡兰至八马冷的电网发生故障导致电压降低引起，随后位于万丹的苏拉拉雅电厂燃气发电机组、芝拉贡燃气电厂相继发生跳闸，造成更大的电力缺口，进而引发雅加达和爪哇地区发生大停电事故。

4.2.5 英国伦敦大停电

（一）基本情况

8月9日下午约5时（英国当地时间，下同），英国东北部、中部、东南部、西南部等地区发生大面积停电，造成伦敦、约克郡和康沃尔郡等地区的火车、机场和公路瘫痪，城市部分路段交通灯无法工作，近100万用户受到影响，涉及4家配电公司，其中西部电力配电公司服务的英国中部、西南部和威尔士地区，影响约50万用户；英国能源网络公司服务的东南部地区影响约30万用户；北方电力公司服务的东北地区影响约11万用户；西北电力公司服务区内2.6万用户受到影响。18时30分左右，所有地区恢复供电，受影响地区最长停电约1.5h。

（二）停电原因分析

直接原因是两个电站停电致系统失稳。贝德福德郡的小巴福德燃气发电站由于技术原因突然停止供电，系统频率下降，1min后霍恩西海上风电场脱网。两个电站停止供电后，英国国家电网出现了近100万kW功率缺口，系统频率从50Hz跌落至48.8Hz，系统稳定性失去控制，引发大面积停电事故。随后，抽水蓄能电站和黑启动燃气机组陆续投运，系统频率逐渐回升并恢复稳定，故障发生后1.5h左右，所有负荷得到恢复。

深层次原因，一是电网管理体制碎片化。英国采用输配分离的电网管理体制，于 2019 年 4 月实现调度机构独立运营，削弱了不同层级间电网协调组织能力，导致对事故的整体应对能力不足。本次大停电事故中局部地区发生电站停运和脱网事故后，存在黑启动燃气机组无法正常启动、配电网公司恢复进度缓慢等情况，导致事故影响扩大化。**二是自动保护装置的灵敏度不够**。英国电网两个发电站停止供电时，系统自动保护装置并没有启动，未能发挥电力系统二道防线切负荷作用，导致整个系统频率急剧下降，最终引发大面积停电事故。**三是系统转动惯量小、旋转备用不足**。近年来，英国加速推进“去碳化”，持续关停燃煤电站，煤电等大转动惯量机组出力占比不足 1/4，新能源等调节能力较差的电源装机占比超过 50%。电网频率急剧下降，电网旋转备用机组未能迅速调整出力维持系统频率稳定，最终导致停电事故。

4.3 电网安全面临的风险分析

选取 2000 年至今的约 120 次大停电事故进行综合分析，威胁电网安全的传统风险依然存在，主要包括：

(1) 关键设备故障与自然灾害。在 120 次大停电事故的初始原因中，关键设备故障原因占 61 次，自然灾害原因占 32 次。另外，系统运行操作不当及误操作占 13 次，外力破坏占 6 次，体制方面原因占 3 次（主要是美国加州能源危机引起电力短缺所致），网络攻击占 5 次。

(2) 系统保护等技术措施不当或处置不力。印度 2012 年“7·30”和“7·31”事故就是由于关键线路过载后距离保护三段动作引发系统连锁反应，处置过程中低频减载切负荷措施不能有效落实；20 世纪 90 年代中叶，美国提出了类似我国的电网安全“三道防线”，但执行情况不理想。从美国 2019 年“7·13”大停电可以看出，该区域城市电网设计违背了“$N-1$”原则，设备出现故障后配电网自动化系统没有及时切换供电路径。

(3) 电网结构“先天不足”是造成某些国家和地区停电事故频发的重要原因。美国是发生大停电事故最多的国家，长期以来由各州主导发展的电网，缺乏统一规划，电压等级混乱，形成了长距离、弱电磁环网的不合理结构。发生多次大停电事故的巴西电网更是缺乏合理的分区结构，受端主网架不强，头重脚轻。

(4) 管理体制分散、调度运行机制不畅是多起大停电事故的深层次原因。美国2003年“8·14”和欧洲2006年“11·4”等多次大停电事故是由于电网、调度管理体制分散，系统调度协调管理与数据共享机制不畅而导致事态扩大，酿成重大停电事件。印度近期大停电，也是由于不同层级调度管理不畅通、执行力不足导致事故扩大。

(5) 电力设施设备长期投入不足，超期服役问题带来安全风险。美国电力企业大多隶属私有企业或股份制企业，追求利润最大化，设备老化问题突出，运行年限超过25年的电力设备占比高。2015年美国能源部发布《四年度技术评估》指出，美国70%的输电线路和电力变压器运行年限超过25年，60%的断路器运行年限超过30年。

随着电网智能化、信息化、互动化的快速发展，除上述传统风险外，一些非传统风险逐渐需要引起人们的重视。

一是网源协调矛盾加剧。各类电源缺乏统筹规划，供热机组、自备电厂增长过快和新能源机组发展迅速，同时常规火电机组灵活性改造积极性不足、调峰能力下降，导致电网运行困难。近几年，电源侧广泛开展火电机组节能环保改造，部分火电机组为提高其运行经济性，采取了汽轮机阀门配汽优化等节能环保改造措施，机组正常运行时中压调节门开度过大，机组出力调节裕度不足，造成系统一次调频能力下降。风电富集地区多次监测到由风机产生的次同步谐波，风电机组产生的次同步谐波与火电机组固有频率叠加时，一旦产生次同步振荡，容易导致火电机组跳闸，甚至设备损坏。

二是新技术、新设备带来的风险。在电力设备类型多、数量多、技术标准多、运行要求高的情况下，电力安全对新技术、新设备的质量管控提出更高要求。从近年来发生的电网和设备事故来看，设备制造质量问题、施工工艺和维护不当引发的安全事故占比占多数，对电网安全造成严重影响。这其中的风险点包括新投运设备质量风险、老旧设备风险、部分电力设备存在家族性缺陷或批次性质量风险。

三是“网络”等公共安全存在潜在风险。2019 年 3 月以来，委内瑞拉接连发生了 4 起大停电事故，一方面由于电力设施质量或运行存在问题，但网络攻击成为多个信息渠道关注的重点。无论委内瑞拉大停电是否真的遭受网络攻击，网络攻击已经成为未来战争中可以使用的手段。《纽约时报》报道美国升级对俄罗斯电网网络攻击，这进一步表明网络安全的重要性。未来电网面临的信息安全威胁更复杂，其网络更广、交互更多、技术更新、用户更泛；电力系统的基础设施和信息系统更加开放，分布化程度更高；大量智能表计、智能终端接入，网络边界向用户侧延伸，信息安全隐患增大，存在信息泄露、非法接入和被控制的风险。电网自身数据、用户行为数据等海量数据的安全也受到国内外的广泛关注。2006 年美国爱达荷州电力公司约 230 块小型计算机系统接口（SCSI）驱动器中的用户信件和其他私有信息等数据被泄露，造成广泛舆论关注。另一方面，电源和电力基础设施已经成为恐怖主义袭击的重要目标。

4.4 小结

2014—2018 年美国电网户均停电次数较为稳定，2018 年户均停电时间较 2017 年有所下降，为 361min。近 3 年来，英国电网户均停电时间较为稳定，每年有微小增加，2018 年户均停电时间为 35.5min；2018 年，在全英 14 个配电运营商中，伦敦电力网络公司的户均停电时间最短，为 16.74min。2017 财年，日本电网的户均停电次数与户均停电时间与上一财年相比变化不大，户均停电次数为0.14次/户，户均停电时间为16min。

2018年，全国平均供电可靠率为99.820%，同比上升0.006个百分点，用户平均停电时间为15.75h/户，同比减少31.2min/户，与发达国家相比仍有差距；全国6个区域中，南方及华北区域的系统平均供电可靠率同比有较大幅度上升，华北、华东的系统平均供电可靠性指标优于全国平均值；北京、上海等大城市核心区户均停电时间小于0.5min，供电可靠率已经达到99.9999%，达到世界领先水平。

2018年以来，国际上发生了包括委内瑞拉、阿根廷和乌拉圭、美国纽约、印尼、英国等在内的多起停电事故，委内瑞拉停电事故反映出电网安全对国家安全的重要作用，暴露出电力系统结构薄弱等问题，阿根廷、印尼大停电暴露出电力基础设施落后，难以应对复杂极端情况等问题，美国、英国大停电暴露出系统保护技术措施不当等问题。这些事故也暴露出电网管理体制碎片化、自动保护装置的灵敏度不够、系统转动惯量小、旋转备用不足等深层次原因。

随着气候变化，以及电网的数字化、智能化程度越来越高，电网安全风险出现了一些新变化，主要包括越来越频繁的极端天气给电网安全造成巨大威胁，高比例新能源接入造成的网源协调矛盾不断加剧，网络安全已成为电网安全必须面对的现实命题。

5

专题一：电网智能化发展的热点问题分析

5.1 电网智能化发展趋势特征

围绕国家能源转型目标与现代能源体系建设要求，在高比例可再生能源并网、信息技术创新、体制机制改革等因素影响下，我国电网发展面临新的机遇与挑战。大数据、人工智能等信息技术的突破让电网的生产、管理及服务水平持续升级，有效提升了电网智能化发展水平。

20世纪70年代，电网智能化发展的目标主要是减少大停电事故，电源和输电网络的智能化控制得到了快速发展。21世纪初的电网智能化发展，主要受到环境、市场改革、信息化技术升级等因素的影响，发展动力比以往更加强劲，配电网成为主战场。

国家电网有限公司的智能电网发展计划已经执行了近10年，坚强智能电网建设成效显著，主要特征包括：非化石能源发电占比不断提升，智能电网需要消纳高比例可再生能源，需要同时应对电源与负荷的不确定性；分布式电源规模化发展、新型潮流控制设备大量应用，智能电网中电力电子装置日益增多；电动汽车、分布式储能、分布式电源在配电网侧渗透，智能配电网呈现潮流双向、多利益主体、多能流交互的特点；信息物理融合深化，智能电网成为物联网的关键组成部分。

面对日益复杂的宏观形势，电网公司积极落实国家能源战略，以创新引领打造世界一流企业，推动电网向能源互联网方向发展。2019年1月，国家电网有限公司创造性地提出了“三型两网、世界一流”的战略目标和“一个引领、三个变革”的战略路径，将通过“两网”融合，使得公司的产业属性枢纽型、网络属性平台型和社会属性共享型得到充分发挥。同年，南方电网公司在“国家队地位、平台型企业、价值链整合者”基本定位的基础上，提出了“五者”

战略定位和转型“三商”的战略取向，积极打造智能电网运营商、能源产业价值链整合商、能源生态系统服务商。

5.2 人工智能发展特征及应用情况

人工智能的发展，历经波折。从 1956 年达特茅斯会议上首次提出“人工智能”，到 1997 年深蓝战胜国际象棋冠军，再到 2016 年阿尔法狗（AlphaGo）战胜世界围棋冠军，两次繁荣、两次低谷，人们对人工智能的认识也从科幻逐渐转为现实。随着大数据、云计算、深度强化学习等技术快速发展，人工智能技术进入了第三阶段，并处于增长爆发期。

随着内外部技术的不断突破，各国政府开始高度重视人工智能发展。2016—2017 年，美国、英国、法国、德国相继出台了人工智能相关的政策法规。我国在 2017 年 7 月发布了《新一代人工智能发展规划》，重点发展大数据驱动知识学习、跨媒体协同处理、人机协同增强智能、群体集成智能和自主智能系统。

从各国人工智能领域专利申请情况对比分析来看，当前我国的人工智能领域专利申请总数位列世界第一，但在国际专利输出方面仍落后于美国、欧洲、日本，高质量专利水平有待提升。基于德温特世界专利索引（DWPI）的世界人工智能专利申请排名前六位国家如图 5-1 所示。

国内专利方面，基于中国专利文摘数据库（CNABS），百度、中国科学院、微软、腾讯、三星、国家电网有限公司分列中国人工智能领域专利申请量的前六位，如图 5-2 所示。国家电网有限公司在人工智能领域的专利申请已超过 1000 项，数量与腾讯、三星相当。

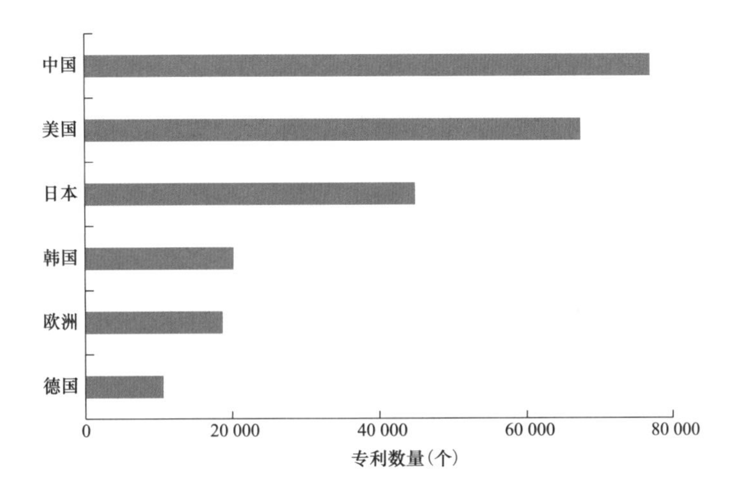

图 5-1 基于 DWPI 的世界人工智能专利申请排名前六位国家❶

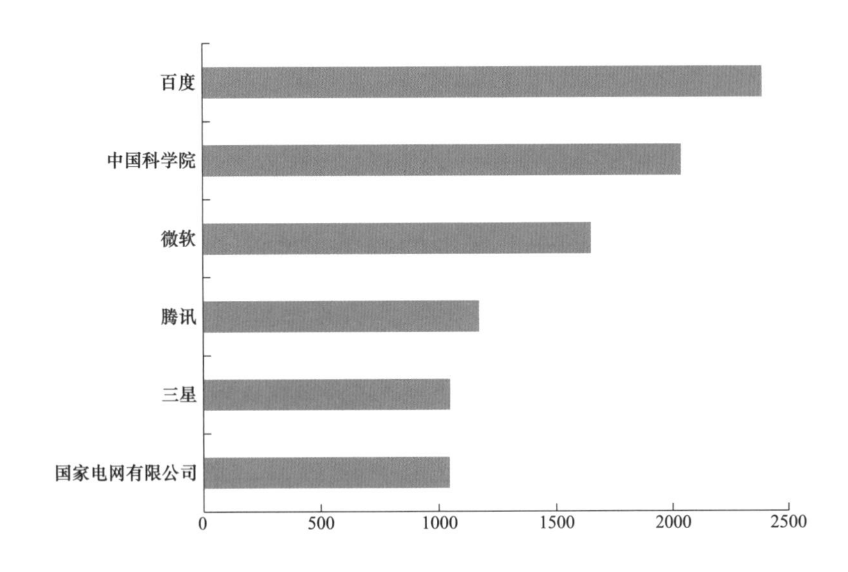

图 5-2 基于 CNABS 的我国人工智能专利申请排名前六位企业❷

国家电网有限公司在人工智能领域的专利申请，主要集中于机器学习和基础算法、自然与语言处理、智能搜索和智能推荐、自动驾驶处理等领域，分别

❶❷ 数据源自中国专利保护协会发布的《人工智能技术专利深度分析报告》。

占专利申请总数的40%、23%、13%、7%。国家电网有限公司的人工智能专利增长迅速，主要原因在于发电、输电、配电、用电、调度等环节涉及大量数据信息的采集与处理，为图像处理、语音识别、大数据等技术应用提供了广阔的空间；智能电网的发展，让信息技术在电网中融合发展，智能算法的应用研究能力持续提升。

随着国家电网有限公司"三型两网、世界一流"战略部署，能源流、业务流、数据流"三流合一"成为泛在电力物联网建设的重要方面，人工智能技术在电网的运营、生产、服务等环节将发挥重要作用。

5.3 人工智能技术对电网智能化发展的影响

以电力大数据为基础，通过深度学习、强化学习、迁移学习等高级机器学习技术，将对电力系统的能源供应、安全与控制、运维与故障诊断、电力需求等领域带来重大影响。

人工智能技术在电网智能化发展中的应用，覆盖了发电、输电、变电、配电、调度等多部门。高校和相关科研单位在可再生能源发电预测、电力系统安全控制等领域开展了深入的理论研究，电网公司和相关企业则在电网运维、故障诊断、需求响应等领域开展了大量的产品研发和技术应用。

在能源供应领域，人工智能算法有效提升了可再生能源的发电预测精度。华北电力大学、深圳大学等高校和研究机构已经将深度置信网络、卷积神经网络、堆叠自动编码器、长短期记忆网络等深度学习算法，应用于风电预测与光伏出力预测等方面，并取得了较好的效果。

在电力系统安全控制领域，清华大学、华中科技大学、华南理工大学、中国电力科学研究院等高校和研究机构，充分发挥人工智能技术的数据特征提取能力，在传统电力系统物理建模基础上，利用数据驱动分析、深度强化学习、迁移学习等方法，提高了电力系统稳态评估、控制优化的准确度，增强了电网调度自动化水平，提升了数据防护能力。

在系统运维与故障诊断领域，智能巡检机器人、无人机检修已经在电网公司得到应用，深度学习算法已应用于图像识别故障诊断和数据文本分析诊断。国网四川省电力公司、国网山东省电力公司均开展了无人机搭载高清摄像机自主巡线应用研究，国网江苏泰州供电公司部署了基于机器人平台的变电站安全监控系统。华北电力大学、中国科学院与国网冀北电力公司联合开展了风电机组的设备诊断研究，利用深度自编码网络模型提取数据采集与监视控制系统（SCADA）数据特征，诊断设备故障。

在电力需求分析预测领域，国内外科研机构和电力公司在负荷预测、需求响应、电动汽车充换电等方面开展了人工智能理论方法研究。天津电力公司、澳大利亚新南威尔士大学、香港理工大学、华北电力大学都在系统负荷预测和单用户负荷预测方面开展了人工智能技术应用研究。加拿大拉瓦尔大学、芬兰阿尔托大学基于深度学习与迁移学习开展了电动汽车智慧充电的理论研究。

总体而言，随着理论技术的日益成熟，数据质量日益完善，人工智能对我国电网高质量发展的影响巨大。目前可进一步加大图形识别、无人机巡检等基础业务的智能化替代，对于安全调控等关键管理决策系统的人工智能技术深度应用，则需要进一步加强理论研究与实践验证，未来的人工智能自主控制是发展愿景。从辅助到增强再到自主智能，人工智能技术为电网智能化建设带来了广阔的发展空间。

5.4 电网智能化发展的建议

从1879年黄浦江外滩上出现的我国第一盏电灯，到如今具有自主知识产权的特高压、超高压输变电工程，电网的发展日新月异，成为国民经济可持续发展的关键基础保障。人民日益增长的美好生活需求，物联网、人工智能等信息化技术的创新突破，都推动着电网发展从安全保障型向高质量发展转型，电网智能化发展进入新的历史阶段。在向“两个一百年”奋斗目标全面前进的关键时期，电网智能化发展，应加强以下几方面工作。

一是深度落实国家能源发展战略，大力服务能源转型发展。

按照我国能源革命中长期战略目标，2030 年非化石能源发电量占比将达到 50%，2050 年非化石能源消费占比超过 50%。非化石能源将成为我国的主导能源。2018 年底我国风电装机突破 2 亿 kW，光伏装机突破 1.7 亿 kW，非化石能源消费占一次能源消费占比为 14.3%，未来风电、光伏的装机容量仍有较大发展空间，进而对电网的消纳能力提出了更高要求，需要全网资源配置、优化调度。人工智能技术的发展一方面可以创新算法，提升预测精度；另一方面可以持续加强电网智能化调度水平。

二是充分发挥信息技术优势，持续推进管理模式创新。

坚强智能电网与泛在电力物联网融合发展，推动电网运行、管理和营销服务中引入和发展能源互联网技术，并继续提高集成应用水平。继续加强开放、共享、以客户为中心等理念在电网发展和电网企业管理中的应用，促进电网各类数据资源与其他行业数据资源的整合、应用与价值增值。利用“云大物移智链边”等技术的不断创新，变革发展供电服务等传统业务、创新发展电动汽车充换电等新兴业务和依托用户资源发展电子商务平台等互联网业务。

三是充分发挥体制优势，全面提升网络安全水平。

信息技术的广泛应用、智能终端的深度嵌入、并网设备的数量增多，电网边界不断延伸，电力监控系统及其网络的安全防护日益重要。需要在财务、税收等方面加大科创激励措施，大力支持自主研发核心装备，加快关键系统、设备的国产化进程。加强军民合作，开展网络安全威胁预警、态势研判，协同收集、共享国内外网络安全资源信息，持续强化电网安全防护体系。针对电力大数据核心资源，开展专项研究，出台相关政策法规，促进电力大数据资源安全高效利用。

6

专题二：国内外电网发展对比分析

在现代社会，电能作为一种重要的能源，既是重要的生产资料，也是保障社会正常运转和人民群众安居乐业的重要生活资料。电网作为实现电力输送和分配的基础设施，发展水平与其所在区域的经济社会发展息息相关，可以客观反映所在地区能源生产和消费的特点和趋势。本专题首先提出国内外电网发展对比分析指标体系，从电网规模与增大速度、电网安全与质量、电网清洁化水平、电网服务能力、电网智能化水平五个维度确定相关的指标定义，其次针对中国电网与北美、欧洲、日本、印度、巴西、非洲电网进行定量计算，然后对国内外电网发展情况进行对比，并给出分析结果。

6.1 电网发展对比分析指标体系

今年初步尝试构建国内外电网发展对比分析指标体系，限于数据来源，选取的指标不一定全面，随着研究的深入、数据渠道的拓展，可进一步丰富该指标体系。

（一）电网规模与增长速度

电网规模与增长速度体现电网的现状和近年来的增长情况。其中电网的现状采用220kV及以上线路长度、220kV及以上变电（换流）容量、并网装机容量表示。电网增长速度采用以上3个指标10年来的平均增长速度表示。

（二）电网安全与质量

电网安全与质量体现电网安全可靠性和输送效率。其中电网安全可靠性采用年户均停电次数和年户均停电时间表示，电网输送效率采用综合线损率表示。

（三）电网清洁化水平

电网清洁化水平体现电网供应端和消费端的非化石能源利用水平。其中电网供应清洁化水平采用可再生能源发电量占比表示，消费端清洁化水平采用电能占终端能源消费比重表示。

（四）电网服务能力

电网服务能力体现电力用户的数量和实际用电量。其中，电力用户的数量采用国家或地区接受电力服务用户的数量、无电人口数量占比两个指标表示。实际用电量采用人均用电量表示。

（五）电网智能化水平

电网智能化水平体现电网采用智能化、信息化等先进技术的水平。原则上应反映电网在输电、配电、变电、用电、调度各环节的综合智能化水平。包括协同巡检、配电自动化、智能电表、班组移动作业、调控智能化等覆盖水平。限于数据来源，本专题在该方面不设立定量分析指标。

由此得到国内外电网发展对比分析指标体系，如表6-1所示。

表6-1　　电网发展对比分析指标体系

序号	一级指标	二级指标	单位	指标定义
1	电网规模与增长速度	220kV及以上电网线路长度	km	截至2018年220kV及以上线路长度
2		220kV及以上变电（换流）容量	万kW	截至2018年220kV及以上变电和换流容量之和
3		并网装机容量	万kW	截至2018年接入电网装机容量
4		220kV及以上电网线路长度年均增长率	%	2009—2018年220kV及以上线路长度平均增长率
5		220kV及以上变电（换流）容量年均增长率	%	2009—2018年220kV及以上变电和换流容量平均增长率
6		并网装机容量年均增长率	%	2011—2018年接入电网装机容量平均增长率
7	电网安全与质量	年户均停电次数	次	2018年户均停电次数
8		年户均停电时间	h	2018年户均停电时间
9		综合线损率	%	2018年综合线损率
10	电网清洁化水平	可再生能源发电量占比	%	2018年可再生能源发电量占总发电量比重
11		电能占终端能源消费比重	%	2018年电能消费量和终端能源消费总量的比值

续表

序号	一级指标	二级指标	单位	指标定义
12	电网服务能力	接受电力服务人数	亿人	2018 年电力用户的数量
13		无电人口数量占比	%	2018 年国家/地区无电人口占总人口的百分比
14		人均用电量	kW·h	2018 年人均用电量现状值

6.2 国内外电网发展指标对比分析

根据表 6-1 对电网发展分析指标的定义，选取北美、欧洲、日本、印度、巴西、非洲 6 个地区（国家）与中国相应的指标进行对比，得到国内外电网发展分析指标对比表，如表 6-2 所示。

表 6-2　　国内外电网发展分析指标对比

序号	一级指标	二级指标	单位	中国	北美	欧洲	日本	印度	巴西	非洲
1	电网规模与增长速度	220kV 及以上电网线路长度	km	733 393	362 804	315 682	36 986	413 407	132 847	125 038
2		220kV 及以上变电（换流）容量	万 kW	402 255	120 528	190 493	43 919.5	89 966.3	31 067.1	29 963.1
3		并网装机容量	万 kW	190 000	120 200	116 340.5	34 300	35 600	162 840	16 500
4		220kV 及以上电网线路长度年均增长率	%	7.43	0.86	1.55	0.18	7.25	4.8	3.99
5		220kV 及以上变电（换流）容量年均增长率	%	16.15	1.54	2.59	0.55	11.14	4.47	3.63
6		并网装机容量年均增长率	%	5.26	0.72	0.99	3.02	7.94	3.65	5.46

续表

序号	一级指标	二级指标	单位	中国	北美	欧洲	日本	印度	巴西	非洲
7	电网安全与质量	年户均停电次数	次	3.18	1.38	—	0.14	139	—	—
8		年户均停电时间	h	15.26	0.6	0.6*	0.3	90	12.78	—
9		综合线损率	%	6.2	7.4	6.9	4.0	18.4	16.4	14.3
10	电网清洁化水平	可再生能源发电量占比	%	26.7	17.2	31.4	17.5	19.1	73.3	17.6
11		电能占终端能源消费比重	%	25.5	21.2	16.90	28.3	16.9	17.01	9.4
12	电网服务能力	接受电力服务人数	亿人	13.95	3.61	5	1.27	11.69	2.09	7.34
13		无电人口数量占比	%	0	0	0	0	12.2	0	40.5
14		人均用电量	kW·h	4945	9264	7257	8063	1065	2790	505

* 欧洲年户均停电时间取英国相应的指标作代表。

在电网发展规模与速度方面，中国总体处于世界首位。中国220kV及以上电网线路长度和变电容量均达到欧洲的两倍以上。在装机容量方面，北美和欧洲的装机容量较为接近。巴西的装机容量达到162 840万kW，但是巴西的220kV及以上电网线路长度还不到中国的1/5。中国的电网发展速度也最为显著。220kV及以上电网线路长度和变电容量平均增长率分别为7.43%和16.15%，排在第二位的是印度，分别达到7.25%和11.14%。印度在装机容量平均增长率方面居于首位，达到7.97%；中国次之，为5.26%。

在电网安全与质量方面，受不同区域发展不平衡的影响，中国还有发展潜力。中国的年户均停电时间和户均停电次数均处于中等水平，与美国、欧洲和日本有一定差距。中国的线损率仅低于日本，优于北美和欧洲。

在电网清洁化水平方面，中国居于中等水平。中国的可再生能源发电量占比为 26.7%，低于巴西（73.3%）和欧洲（31.4%）；电能占终端能源消费比重为 25.5%，低于日本（28.3%）。

在电网服务能力方面，中国接受电力服务人数最多，达到 13.95 亿人。在选取的几个区域和国家中，除印度和非洲外均已实现户户通电。在人均用电量方面，中国与北美、欧洲、日本相比存在差距，仅为北美地区的 53%。

根据以上指标对比，得出如下结果：

一是我国电网发展总体上达到世界先进水平。对比中外电网的发展，中国电网在整体规模和增长速度方面处于世界前列。电网接纳清洁能源与服务用户的能力也处于领先水平，支撑了经济社会的快速发展，满足了人民群众对用电的需求。

二是我国电网的一些特征指标与发达国家相比还有差距。我国电网安全可靠性、人均用电量指标与发达国家相比仍存在一定差距，电网发展仍然存在区域发展不平衡、不充分的问题。伴随着经济高质量发展、人们对美好生活的追求，未来我国电网需要结合各地发展实际情况，因地制宜，改善基础设施，补强发展短板，促进经济社会高质量发展。

参 考 文 献

[1] World Bank. GDP and main components，2012—2018.

[2] American Public Power Association. America's Generation Capacity 2012—2018.

[3] IEA. Electricity Information 2012—2018.

[4] FERC. Energy Infrastructure Update for December 2012—2018.

[5] Enerdata. Energy Statistical Yearbook 2019.

[6] NERC. Winter Reliability Assessments 2012—2018.

[7] NERC. Summer Reliability Assessment 2012—2018.

[8] NERC. Long term reliability assessment 2012—2018.

[9] DOE. Quadrennial Energy Review—Transforming the Nation's Electricity System.

[10] Eurostat. GDP and main components，2012—2018.

[11] ENTSO - E. Statistical Factsheet 2012—2018.

[12] ENTSO - E. TYNDP 2018 list of projects for assessment.

[13] ENTSO - E. Summer Outlook 2018 and winter review 2018—2019.

[14] ENTSO - E. Winter Outlook Report 2018/2019 and Summer Review 2018.

[15] ENTSO - E. Mid - term Adequacy Forecast 2018.

[16] OCCTO. Outlook of Electricity Supply - Demand and Cross - regional Interconnection Lines F. Y. 2018.

[17] OCCTO. Aggregation of Electricity Supply Plans for FY2018.

[18] OCCTO. Annual Report F. Y. 2018.

[19] OCCTO. Economic and Energy Outlook of Japan through FY2018.

[20] OCCTO. Long - term Cross - regional Network Development Policy.

[21] IEE. Economic and Energy Outlook of Japan through FY2018.

[22] METI. Japan's Energy Plan.

[23] CEA. Draft National Electricity Plan Volume Ⅰ Generation.

[24] CEA. Draft National Electricity Plan Volume Ⅱ Transmission.

[25] CEA. Executive Summary of Power Sector 2012—2018.

[26] AFREC. Africa Energy Database 2018.

[27] AfDB. Atlas of Africa Energy Resources 2018.

[28] 国家能源局. 2018 年度全国可再生能源电力发展监测评价报告，2019.

[29] 国家能源局，中国电力企业联合会. 2018 年全国电力可靠性年度报告，2019.

[30] 中国电力企业联合会. 2016—2018 年度全国电力供需形势分析预测报告，2019.

[31] 中国电力企业联合会. 中国电力行业年度发展报告 2019. 北京：中国建材工业出版社，2019.

[32] 中国电力企业联合会. 2018 年全国电力工业统计快报. 2019.

[33] 中国电力企业联合会. 2017 年全国电力工业统计. 2018.

[34] 北京电力交易中心. 2018 年电力市场交易年报. 2019.

[35] 国家电网有限公司. 2018 年国家电网有限公司社会责任报告. 2019.

[36] 国家电网有限公司. 2018 年电网发展诊断分析报告. 2019.

[37] 国家电网有限公司. 输变电工程造价分析（2018 年版）. 2019.

[38] 南方电网公司. 2018 年南方电网公司社会责任报告. 2019.

[39] 电力规划设计总院. 中国能源发展报告 2018. 北京：中国电力出版社，2019.

[40] 电力规划设计总院. 中国电力发展报告 2018. 北京：中国电力出版社，2019.

[41] 中国专利保护协会. 人工智能技术专利深度分析报告. 2018.

[42] 国务院. 新一代人工智能发展规划. 2017.

[43] 鞠平，周孝信，陈维江，等. “智能电网＋”研究综述. 电力自动化设备，2018，38（5）：2-11.

[44] 余贻鑫. 面向未来的智能电网. 中国企业报，2018.

[45] 陈敬德，盛戈皞，吴继健，等. 大数据技术在智能电网中的应用现状及展望. 高压电器，2018，54（1）：35-43.

[46] 中国电子技术标准化研究院. 人工智能标准化白皮书，2018.

[47] 戴彦，王刘旺，李媛，等. 新一代人工智能在智能电网中的应用研究综述. 电力建

设，2018，39（10）：1-11.

[48] Wang H Z，Wang G B，Li G Q，et al. Deep belief network based deterministic and probabilistic wind speed forecasting approach. Applied Energy，2016，182：80-93.

[49] 朱桥木，陈金富，李弘毅，等. 基于堆叠自动编码器的电力系统暂态稳定评估. 中国电机工程学报，2018，38（10）：2937-2946.

[50] 刘威，张东霞，王新迎，等. 基于深度强化学习的电网紧急控制策略研究. 中国电机工程学报，2018，38（1）：109-119，347.

[51] Chen Y，Huang S，Liu F，et al. Evaluation of reinforcement learning based false data injection attack to automatic voltage control. IEEE Transactions on Smart Grid，2019，10（2）：2158-2169.

[52] 孔祥玉，郑锋，鄂志君，等. 基于深度信念网络的短期负荷预测方法. 电力系统自动化，2018，42（5）：133-139.

[53] Lopez K L，Gagne C，Gardener M A. Demand-side management using deep learning for smart charging of electric vehicles. IEEE Transactions on Smart Grid，2019，10（3）：2683-2691.